中等职业学校教学用书

平面广告设计与制作

孔祥华　夏　琰　主　编
李莹莹　齐　曼　孔祥玲　副主编

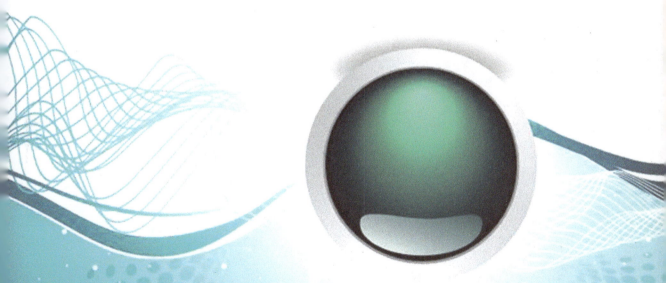

电子工业出版社
Publishing House of Electronics Industry
北京·BEIJING

内 容 简 介

本书根据教育部颁发的《中等职业学校专业教学标准（试行）信息技术类（第一辑）》中的相关教学内容和要求编写。本书的编写从满足经济发展对高素质劳动者和技能型人才的需求出发，在课程结构、教学内容、教学方法等方面进行了新的探索与改革创新，以利于学生更好地掌握本课程的内容，利于学生理论知识的掌握和实际操作技能的提高。

本书以岗位工作过程来确定学习任务和目标，综合提升学生的专业能力、过程能力和职位差异能力，以具体的工作任务引领教学内容。本书以平面设计的典型应用为主线，通过多个精彩实用的案例，全面细致地讲解如何利用 Photoshop 和 CorelDRAW 完成专业的平面设计项目，使学生能够在掌握软件功能和制作技巧的基础上，启发设计灵感，开拓设计思路，提高设计能力。

本书是计算机平面设计专业的专业核心课程教材，也可作为各类平面设计、Photoshop 和 CorelDRAW 培训班的教材，还可以供 Photoshop 和 CorelDRAW 软件的爱好人员参考学习。本书配有教学指南、电子教案和案例素材，详见前言。

未经许可，不得以任何方式复制或抄袭本书之部分或全部内容。
版权所有，侵权必究。

图书在版编目（CIP）数据

平面广告设计与制作 / 孔祥华，夏琰主编. —北京：电子工业出版社，2018.3

ISBN 978-7-121-24861-0

Ⅰ．①平… Ⅱ．①孔… ②夏… Ⅲ．①图象处理软件—中等专业学校—教材 Ⅳ．①TP391.413

中国版本图书馆 CIP 数据核字（2016）第 319705 号

策划编辑：杨　波
责任编辑：裴　杰
印　　刷：北京虎彩文化传播有限公司
装　　订：北京虎彩文化传播有限公司
出版发行：电子工业出版社
　　　　　北京市海淀区万寿路 173 信箱　邮编　100036
开　　本：787×1 092　1/16　印张：12.5　字数：320 千字
版　　次：2018 年 3 月第 1 版
印　　次：2020 年 8 月第 3 次印刷
定　　价：40.00 元

凡所购买电子工业出版社图书有缺损问题，请向购买书店调换。若书店售缺，请与本社发行部联系，联系及邮购电话：(010) 88254888，88258888。

质量投诉请发邮件至 zlts@phei.com.cn，盗版侵权举报请发邮件至 dbqq@phei.com.cn。

本书咨询联系方式：(010) 88254617，luomn@phei.com.cn。

前言 | PREFACE

为建立健全教育质量保障体系，提高职业教育质量，教育部于 2014 年颁布了《中等职业学校专业教学标准》（以下简称专业教学标准）。专业教学标准是指导和管理中等职业学校教学工作的主要依据，是保证教育教学质量和人才培养规格的纲领性教学文件。在"教育部办公厅关于公布首批《中等职业学校专业教学标准（试行）》目录的通知"（教职成厅[2014]11 号文）中，强调"专业教学标准是开展专业教学的基本文件，是明确培养目标和规格、组织实施教学、规范教学管理、加强专业建设、开发教材和学习资源的基本依据，是评估教育教学质量的主要标尺，同时也是社会用人单位选用中等职业学校毕业生的重要参考。"

本书特色

本书根据教育部颁发的《中等职业学校专业教学标准（试行）信息技术类（第一辑）》中的相关教学内容和要求编写。

Photoshop 和 CorelDRAW 均是当今流行的图像处理和矢量图形设计软件，被广泛应用于平面设计、包装装潢、出版等诸多领域，对人们的学习、工作和生活已经产生了巨大的影响。

本书涵盖了 Photoshop 和 CorelDRAW 的核心技术，从实际应用的角度出发，配合案例的制作，讲解详尽，通俗易懂，相信读者朋友们在使用本书的过程中能够体会到。本书内容比较成熟，在理论基础的前提下，突出实际应用，兼顾产品设计的每个相关物件，是一本学习和掌握 Photoshop 和 CorelDRAW 的比较实用而有效的专业核心教程。

本书以岗位工作过程来确定学习任务和目标，综合提升学生的专业能力、过程能力和职位差异能力，以具体的工作任务引领教学内容。本书以平面设计的典型应用为主线，通过多个精彩实用的案例，全面细致地讲解如何利用 Photoshop 和 CorelDRAW 完成专业的平面设计项目，使学生能够在掌握软件功能和制作技巧的基础上，启发设计灵感，开拓设计思路，提高设计能力。

本书是计算机平面设计专业的专业核心课程教材，也可作为各类平面设计、Photoshop 和 CorelDRAW 培训班的教材，还可以供 Photoshop 和 CorelDRAW 软件的爱好人员参考学习。

本书作者

本书由孔祥华、夏琰主编，李莹莹、齐曼、孔祥玲副主编。由于编者水平有限，书中难免存在疏漏之处,敬请广大读者批评指正。

教学资源

为了提高学习效率和教学效果,方便教师教学,作者为本书配备包括电子教案、教学指南、素材文件、微课,以及习题参考答案等配套的教学资源。请有此需要的读者登录华信教育资源网(http://www.hxedu.com.cn)免费注册后进行下载,有问题时请在网站留言板留言或与电子工业出版社联系(E-mail:hxedu@phei.com.cn)。

编　者

CONTENTS | 目录

第一章　产品广告 ··· 1
  1.1　产品分析 ··· 2
    1.1.1　产品的竞争能力分析 ··· 2
    1.1.2　产品的市场占有率 ·· 3
    1.1.3　品牌战略 ··· 3
  1.2　广告的概念和分类 ·· 3
    1.2.1　广告的概念 ·· 3
    1.2.2　广告的分类 ·· 4
  1.3　广告的构图及色彩应用 ·· 5
    1.3.1　广告的构图 ·· 5
    1.3.2　色彩应用 ··· 5
  1.4　广告的视觉形象定位 ··· 6
  1.5　设计任务一 ··· 7
  1.6　设计任务二 ·· 16

第二章　画册设计 ·· 24
  2.1　画册版式设计的原则 ··· 25
  2.2　客户需求分析 ·· 28
  2.3　设计风格的总体定位 ··· 28
    2.3.1　画册设计的定位 ··· 28
    2.3.2　画册设计的风格 ··· 29
  2.4　色彩的应用及设计流程 ·· 29
    2.4.1　色彩的应用 ··· 29
    2.4.2　画册的设计流程 ··· 30
  2.5　企业画册案例 ·· 31

2.5.1　封面、封底的制作 ··· 31
　　2.5.2　内页一的制作 ·· 36
　　2.5.3　内页二的制作 ·· 41

第三章　网页设计 ·· 51

3.1　网页设计的特点及要求 ··· 52
　　3.1.1　网页设计的特点 ·· 52
　　3.1.2　网页设计的要求 ·· 53
3.2　导航栏的设计制作 ··· 55
3.3　广告页面设计制作 ··· 60

第四章　标志设计 ·· 72

4.1　标志设计基础 ··· 73
　　4.1.1　标志的概念与分类 ·· 73
　　4.1.2　标志设计的原则 ·· 73
　　4.1.3　标志设计的技法 ·· 74
4.2　网站标志设计 ··· 76
　　4.2.1　"新星科技有限公司"网站标志 ······································ 76
　　4.2.2　操作过程 ·· 76
4.3　休闲馆标志设计 ··· 80
　　4.3.1　"人美健身休闲馆"标志效果图 ······································ 80
　　4.3.2　操作过程 ·· 80
4.4　优秀作品欣赏 ··· 83

第五章　包装设计 ·· 85

5.1　纸质包装 ··· 86
　　5.1.1　纸质包装的优势 ·· 86
　　5.1.2　纸质包装的结构 ·· 87
　　5.1.3　纸质包装的设计原则 ·· 87
　　5.1.4　纸质包装的设计要点 ·· 87
5.2　刀版图的设计与制作 ··· 88
5.3　平面展开图的设计与制作 ··· 94
5.4　立体图的设计与制作 ··· 97

第六章　公共活动和宣传 ·· 101

6.1　背景设计与制作 ·· 102
　　6.1.1　背景的设计 ··· 102
　　6.1.2　背景的制作 ··· 102
6.2　内容的编排 ·· 104
　　6.2.1　内容的编排 ··· 104

6.2.2 内容的制作 ··········· 105

第七章 造型设计 ··········· 113

7.1 认识产品设计 ··········· 114
    7.1.1 产品设计的程序 ··········· 114
    7.1.2 产品设计的原则 ··········· 115
    7.1.3 产品设计的特征 ··········· 115

7.2 设计任务描述 ··········· 116
    7.2.1 鼠标外形的绘制 ··········· 116
    7.2.2 初步填充效果 ··········· 123
    7.2.3 填充鼠标壳体 ··········· 134

第八章 企业形象识别系统设计 ··········· 151

8.1 企业形象识别系统设计基础 ··········· 152

8.2 "恒爱大药房"基础识别系统设计 ··········· 152
    8.2.1 标志设计 ··········· 152
    8.2.2 标志墨稿 ··········· 156
    8.2.3 标志与标准字组合规范的设计 ··········· 156
    8.2.4 企业色彩 ··········· 157
    8.2.5 辅助图形 ··········· 158

8.3 "恒爱大药房"应用识别系统设计 ··········· 163
    8.3.1 环境识别 ··········· 164
    8.3.2 包装 ··········· 171
    8.3.3 旗帜 ··········· 173
    8.3.4 办公识别 ··········· 175
    8.3.5 交通识别 ··········· 187
    8.3.6 员工制服 ··········· 189

第一章

产品广告

在市场开拓之前，有必要对产品本身特征及其目标市场进行分析，并在此基础上为每一种类型产品制定一个合适的营销组合战略。这就需要进行产品分析以及视觉形象定位，只有其信息调研准确有效，才能够很好地展开下一步的任务。在已经进入的市场领域，最为积极的策略是不断创新。领导者应克服自满，拒绝满足现状，并应在本行业新产品构思、更佳的客户服务理念和广告创意上下足功夫。对产品做广告之前首先要对产品做分析。

本章简介

本章主要讲解的是产品分析及视觉形象定位和案例，产品分析基础知识包括产品的竞争能力分析、产品的市场占有率分析、品牌战略分析，本章以"三星彩电广告设计"为例，讲解家电类广告的设计与制作。

本章重点

◇ 掌握产品分析的相关理论。
◇ 掌握广告的构图及色彩应用
◇ 掌握视觉形象定位相关理论。
◇ 掌握利用钢笔工具绘制不规则图形的技巧。
◇ 掌握画笔工具中笔刷的不同效果的使用方法。
◇ 掌握调整色彩平衡的方法。
◇ 掌握设置图层的混合模式操作。

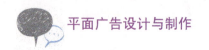

> **学习目标**
>
> 灵活掌握产品分析及视觉形象定位的相关知识，熟练运用到设计当中，能够独立完成家电类广告的设计和制作。

1.1 产品分析

1.1.1 产品的竞争能力分析

1. 成本优势

成本优势是指公司的产品依靠低成本获得高于同行业其他企业的盈利能力。在很多行业中，成本优势是决定竞争优势的关键因素。企业可以通过规模经济、专有技术、优惠的原材料和低廉的劳动力实现成本优势。由资本的集中程度而决定的规模效益是决定公司生产成本的基本因素。当企业达到一定的资本投入或生产能力时，根据规模经济的理论，企业的生产成本和管理费用将会得到有效降低。对公司技术水平的评价可分为评价技术硬件部分和软件部分两类。技术硬件部分，如机械设备、单机或成套设备；软件部分，如生产工艺技术、工业产权、专利设备制造技术和经营管理技术、具备了何等的生产能力和达到什么样的生产规模、企业扩大再生产的能力如何等。另外，企业如果拥有较多的技术人员，就有可能生产出质优价廉、适销对路的产品。原材料和劳动力成本则应考虑公司的原料来源以及公司的生产企业所处的地区。取得了成本优势，企业在激烈的竞争中便处于优势地位，意味着企业在竞争对手失去利润时仍有利可图，亏本的危险较小；同时，低成本的优势，也使其他想利用价格竞争的企业有所顾忌，成为价格竞争的抑制力。

2. 技术优势

企业的技术优势是指企业拥有的比同行业其他竞争对手更强的技术实力及其研究与开发新产品的能力。这种能力主要体现在生产的技术水平和产品的技术含量上。在现代经济中，企业新产品的研究与开发能力是决定企业竞争成败的关键。因此，任何企业一般都确定了占销售额一定比例的研究开发费用，这一比例的高低往往能决定企业的新产品开发能力。产品的创新包括研制出新的核心技术，开发出新一代产品；研究出新的工艺，降低现有的生产成本；根据细分市场进行产品细分。技术创新，不仅包括创新产品技术，还包括创新人才，因为技术资源本身就包括人才资源。现在大多数上市公司越来越重视人才的引进。在激烈的市场竞争中，谁先抢占智力资本的制高点，谁就具有决胜的把握。技术创新的主体是高智能、高创造力的高级创新人才。实施创新人才战略，是上市公司竞争制胜的务本之举，具有技术优势的上市公司往往具有更大的发展潜力。

3. 质量优势

质量优势是指公司的产品以高于其他公司同类产品的质量赢得市场，从而取得竞争优势。由于公司技术能力及管理等诸多因素的差别，不同公司间相同产品的质量是有差别的。消费者在进行购买选择时，虽然有很多因素会影响他们的购买倾向，但是产品的质量始终是影响他们购买倾向的一个重要因素。质量是产品信誉的保证，质量好的产品会给消费者带来信任感。严格管理，不断提高公司产品的质量，是提升公司产品竞争力行之有效的方法。具有产品质量优势的上市公司往往在该行业占据领先地位。

1.1.2　产品的市场占有率

分析公司的产品市场占有率，在衡量公司产品竞争力问题上占有重要地位，通常从两个方面进行考察。

（1）公司产品销售市场的地域分布情况。从这一角度可将公司的销售市场划分为地区型、全国型和世界范围型。销售市场地域的范围能大致地估计一个公司的经营能力和实力。

（2）公司产品在同类产品市场上的占有率。市场占有率是对公司的实力和经营能力的较精确的估计。市场占有率是指一个公司的产品销售量占该类产品整个市场销售总量的比例。市场占有率越高，表示公司的经营能力和竞争力越强，公司的销售和利润水平越好也越稳定。公司的市场占有率是利润之源。效益好并能长期存在的公司市场占有率必然是长期稳定并呈增长趋势的。不断地开拓进取，挖掘现有市场潜力，不断进军新的市场，是扩大市场占有份额和提高市场占有率的主要手段。

1.1.3　品牌战略

品牌是一个商品名称和商标的总称，它可以用来辨别一个卖者或卖者集团的货物或劳务，以便同竞争者的产品相区别。一个品牌不仅是种产品的标识，而且是产品质量、性能、满足消费者效用的可靠程度的综合体现。品牌竞争是产品竞争的深化和延伸。当产业发展进入成熟阶段，产业竞争充分展开时，品牌就成为产品及企业竞争力的一个越来越重要的因素。品牌具有产品所不具有的开拓市场的多种功能：一是品牌具有创造市场的功能；二是品牌具有联合市场的功能；三是品牌具有巩固市场的功能。以品牌为开路先锋，为作战利器，不断攻破市场壁垒，从而实现迅猛发展的目标，是国内外很多知名大企业行之有效的措施。效益好的上市公司，大多都有自己的品牌和名牌战略。品牌战略不仅能提升产品的竞争力，而且能够利用品牌进行收购兼并。

1.2　广告的概念和分类

1.2.1　广告的概念

广告，即广而告知的意思。广告是为了某种特定的需要，通过一定形式的媒体，公开而广泛地向公众传递信息的宣传手段。广告有广义和狭义之分，广义的广告包括非经济广告和经济广告。非经济广告指不以盈利为目的的广告，又称效应广告，如政府行政部门、社会事业单位

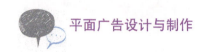

乃至个人的各种公告、启事、声明等，主要目的是推广宣传；狭义广告仅指经济广告，又称商业广告，是指以盈利为目的的广告，通常是商品生产者、经营者和消费者之间沟通信息的重要手段，或企业占领市场、推销产品、提供劳务的重要形式，主要目的是扩大经济效益。

1.2.2 广告的分类

根据不同的需要和标准，可以将广告划分为不同的类别。按照广告的最终目的将广告分为商业广告和非商业广告；根据广告产品的生命周期划分，可以将广告分为产品导入期广告、产品成长期广告、产品成熟期广告、产品衰退期广告；按照广告内容所涉及的领域将广告划分为经济广告、文化广告、社会广告等类别。不同的标准和角度有不同的分类方法，对广告类别的划分并没有绝对的界限，主要是为了提供一个切入的角度，以便更好地发挥广告的功效，更有效地制订广告策略，从而正确地选择和使用广告媒介。以下介绍一些经常运用到的广告类别。

1. 按照广告诉求方式分类

广告的诉求方式就是广告的表现策略，即解决广告的表达方式——"怎么说"的问题。它是广告所要传达的重点，包含着"对谁说"和"说什么"两个方面的内容。

通过借用适当的广告表达方式来激发消费者的潜在需要，促使其产生相应的行为，以取得广告者所预期的效果，可以将广告分为理性诉求广告和感性诉求广告两大类。理性诉求广告：广告通常采用摆事实、讲道理的方式，通过向广告受众提供信息，展示或介绍有关的广告物，有理有据地进行论证接受该广告信息能带给他们的好处，使受众理性思考、权衡利弊后被说服而最终采取行动。如家庭耐用品广告、房地产广告较多采用理性诉求方式。感性诉求广告：广告采用感性的表现形式，以人们的喜、怒、哀、乐等情绪，如亲情、友情、爱情，以及道德感、群体感等情感为基础，对受众诉之以情、动之以情，激发人们对真善美的向往并使之移情于广告物，从而在受众的心智中占有一席之地，使受众对广告物产生好感，最终发生相应的行为变化。如日用品广告、食品广告、公益广告等常采用感性诉求的方法。

2. 按照广告媒介的使用分类

按广告媒介的物理性质进行分类是较常使用的一种广告分类方法。使用不同的媒介，广告就具有不同的特点。在实践中，选用何种媒介作为广告载体是制定广告媒介策略所要考虑的一个核心内容。传统的媒介划分是将传播性质、传播方式较接近的广告媒介归为一类。因此，一般有以下5类广告。

（1）印刷媒介广告，也称为平面媒体广告，即刊登于报纸、杂志、招贴、海报、宣传单、包装等媒介上的广告；

（2）电子媒介广告，以电子媒介如广播、电视、电影等为传播载体的广告。

（3）户外媒介广告，利用路牌、交通工具、霓虹灯等户外媒介所做的广告。

（4）空中广告，利用热气球、飞艇甚至云层等作为媒介所做的广告。

（5）直邮广告，通过邮寄途径将传单、商品目录、订购单、产品信息等形式的广告直接传递给特定的组织或个人。

1.3 广告的构图及色彩应用

1.3.1 广告的构图

广告布局又称广告构图,是指在一定规格尺寸的版面位置内,把一则广告作品设计要点(包括广告文案、图画、背景、饰线等)进行创意性编排、登记组合并加以布局安排,以取得最佳的广告宣传效果。广告布局,是指对广告的插图、文字形式和商标图案等要素所做的整体安排。广告布局的构成要素包括图形、文案和商标等。

构图的基本结构形式要求非常简约,通常有以下几种。

(1) 正置三角形:给人以沉稳、坚实、稳定的感觉。
(2) 圆形:总的触觉柔和,具有内向,亲切感。
(3) S形、V形:摇晃不定的感觉,是一种活泼有动感的形式。
(4) 线条型:水平线型使人开阔,平静;垂直线型给人严肃、庄重、静寂的感觉。

1.3.2 色彩应用

现代广告已是人们衣、食、住、行中一个重要的影响因素,大家在购买生活必需品、消费品的时候,一般都会选择那些有广告、有品牌的产品,感觉这些产品比较可靠、有保障。

色彩是广告表现的一个重要因素,广告色彩的功能是向消费者传递一种商品信息。因此广告的色彩与消费者的生理和心理反应密切相关。色彩对广告环境、对人们感情活动都具有深刻影响。广告色彩对商品具有象征意义,通过不同商品独具特色的色彩语言,使消费者更易识别和对商品产生亲近感,商品的色彩效果对人们有一定的诱导作用。

色彩能影响人的情绪,广告作品中的有些色彩会给人以甜、酸、苦、辣的味觉感。很多商品只有通过色彩才能将其外形特点、质地展现出来,如彩色胶卷、彩色电视、汽车、工艺品、服装等,有了色彩才能更加美观。又如蛋糕上的黄色奶油,给人以酥软的感觉,引起人的食欲。所以食品类的包装与广告普遍采用暖色的配合。对商品色彩的恰当运用,在广告设计中是不容忽视的,因此在广告设计中必须考虑色彩的心理因素。

下面列举几种有代表性的色彩,说明其表达的情感。在广告设计中的用色,需要把握住消费者心理,运用特定的色彩关系,发挥出色彩特有的个性,为广告创意锦上添花。

1. 红色

视觉刺激强,让人觉得活跃、热烈、有朝气。在人们的观念中,红色往往与吉祥、好运、喜庆联系在一起,因此它自然成为节日和庆祝活动的常用色。同时由红色又易联想到血液和火炮,有一种生命感、跳动感,还会有危险、恐怖的血腥气味的联想。因此,灭火器和消防车都是红颜色的。

2. 黄色

明亮和娇美的颜色,有很强的光明感,使人感到明快和纯洁。幼嫩的植物往往呈淡黄色,有新生、单纯、天真的联想，还可以让人想起极具营养的蛋黄、奶油等其他食品。黄色又与病弱有关，植物的衰败、枯萎也与黄色相关联，因此，黄色又使人感到空虚、贫乏和不健康。

3．橙色

兼有红与黄的优点，明度柔和，使人感到温暖又明快。一些成熟的果实往往呈现橙色，富有营养的食品（面包、糕点）也多是橙色的，因此，橙色又易引起营养、香甜的联想，是易于被人们接受的颜色。在特定的国家和地区，橙色又与欺诈、嫉妒有联系。

4．蓝色

极端的冷色，具有沉静和理智的特性，恰好与红色相对应。蓝色易产生清彻、超脱、远离世俗的感觉。深蓝色会滋生低沉、郁闷和神密的感觉，也会产生陌生感和孤独感。

5．绿色

具有蓝色的沉静和黄色的明朗，又与人的生命相吻合，因此，它具有平衡人类心境的作用，是易于被接受的色彩。绿色又与某些尚未成熟的果实的颜色一致，因而会引起酸与苦涩的味觉。深绿易产生低沉消极和冷漠感。

6．紫色

具有优美高雅、雍容华贵的气度。有红的个性，又有蓝的特征。暗紫色会引起低沉、烦闷和神秘的感觉。

消费者对彩色广告的注意力要比黑白广告的注目率高很多，其中暖色调（黄色、红色等）比冷色调（蓝色、绿色等）更有吸引力。彩色广告较之黑白广告能给消费者留下更深的印象，在记忆效果方面，黑白广告与双色广告和彩色广告相比，注目率也是不同的。彩色广告比黑白广告或双色广告，更能吸引读者。一些心理学研究也表明，把广告画加上彩色以后，对于增加女性消费者的注目率影响更大。以女性为主要目标对象的广告，更多地采用彩色画面，或用彩色加以渲染，可以大大提高广告的注目率。当然，彩色广告的费用会高些，不过彩色广告的读者增加率比起成本的增加率更高。

1.4　广告的视觉形象定位

广告的视觉形象定位属于心理接受范畴的概念，所谓的广告的视觉形象定位就是指广告主通过广告活动，使企业或品牌在消费者心目中确定位置的一种方法。定位理论的创始人艾·里斯和杰·特劳特曾指出"'定位'是一种观念，它改变了广告的本质。""定位从产品开始，可以是一种商品、一项服务、一家公司、一个机构，甚至是一个人，也许是你自己。但定位并不是要你对产品做什么事。定位是你对未来的潜在顾客心智所下的功夫，也就是把产品定位在你未来潜在顾客的心中。所以，你若把这个观念称为'产品定位'是不对的。你对产品本身，实际上并没有做什么重要的事情。"

可见，广告视觉形象定位是现代广告理论和实践中极为重要的观念，是广告主与广告公司根据社会既定群体对某种产品属性的重视程度；把自己的广告产品确定于某一市场位置，使其在特定的时间、地点，对某一阶层的目标消费者出售，以利于与其他厂家产品竞争。它的目的就是要在广告宣传中，为企业和产品创造、培养一定的特色，树立独特的市场形象，从而满足目标消费者的某种需要和偏爱，以促进企业产品销售服务。

广告定位阶段自 20 世纪 70 年代初期产生，到 80 年代中期达到顶峰，其广告理论的核心就是使商品在消费者心目中确立一个位置。正如艾·里斯和杰·特劳特所指出的广告已进入一个以定位策略为主的时代，"想在我们传播过多的社会中成功，一个公司必须在其潜在顾客的心智中创造一个位置。""在定位的时代，去发明或发现了不起的事物并不够，甚至还不需要。然而，你一定要把进入潜在顾客的心智，作为首要之图"。在 90 年代后，进入到了系统形象定位阶段，世界经济日益突破地区界限，发展成为全球性的世界性大经济。企业之间的竞争从局部的产品竞争、价格竞争、信息竞争、意识竞争等发展到企业的整体性企业形象竞争，原来的广告定位思想，进而发展为系统形象的广告定位。

这种广告定位思想，变革了产品形象和企业形象定位的局部性和主观性的特点，也改变了 70～80 年代广告定位的不统一性、零散性、随机性，更多地从完整性、本质性、优异性的角度明确广告定位。

系统形象广告定位，最初产生于美国 20 世纪 50 年代中期，发展于 60～70 年代，成熟于 80～90 年代。这种广告形态不但在欧美，而且在亚洲都产生了划时代的影响。当代世界上的著名企业，其经营管理过程中已经在系统形象广告领域做了大量的工作，促进了企业经济效益和社会效益的大幅度提高。

1.5　设计任务一

通过以上知识的讲解，在这里我们以"三星彩电广告设计"为例，讲解家电类广告的设计与制作。如图 1-1 所示为制作后的最终效果。

图 1-1　"三星彩电广告设计"效果图

【步骤1】在 Photoshop CS6 中打开素材，如图 1-2 所示。

图 1-2　打开素材

【步骤2】用【钢笔工具】勾出如图 1-3 所示的光线造型。

图 1-3　绘制光线造型

【步骤3】单击工具栏中的【画笔工具】，笔刷参数的设置如图1-4所示。

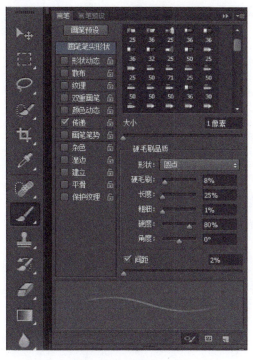

图1-4　笔刷参数设置

【步骤4】新建"图层1"，回到工作路径当中，单击【用画笔描边路径】按钮，为绘制的路径描边，效果如图1-5所示。

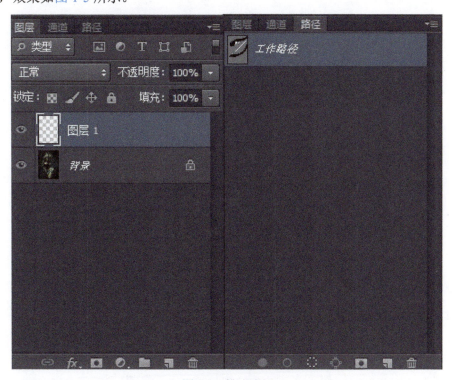

图1-5　描边路径

【步骤5】回到图层中，观察描边后的效果，如图1-6所示。发现线的两侧过于死板，为了使线条看起来更加自然，需要将两侧线条变虚。

图1-6　描边后的效果

【步骤6】用工具栏中的【橡皮擦工具】擦两侧线条，在"图层1"上添加矢量蒙版，单击【添加矢量蒙版】按钮，设置【橡皮擦工具】属性，如图1-7所示为用【橡皮擦工具】擦拭后的效果。

图1-7　添加矢量蒙版及擦拭后图片效果

第一章 产品广告

【步骤7】为线条添加特殊效果，使最终效果看起来更加美观，双击"图层1"，弹出"图层样式"对话框。单击【渐变编辑器】，在弹出的"渐变编辑器"对话框中设置为"绿色"到"粉红色"的渐变，渐变色数值是"#0aff10"和"# fb000c"，参数设置及效果如图1-8所示。

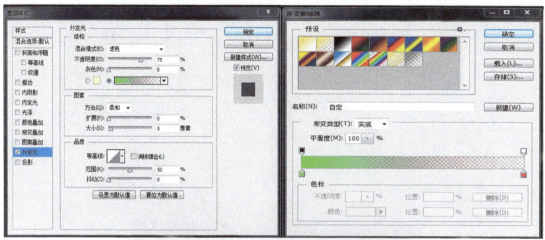

图1-8 "图层样式"参数设置和效果

【步骤8】新建"图层2"，单击工具栏中的【画笔工具】，设置其属性，为画面添加亮点，效果如图1-9所示。

011

图 1-9　为画面添加亮点效果

【步骤 9】创建主光源，新建"图层 3"，选择大小为 193 的笔刷，直接在你想要发光的地方绘制。画笔颜色为"#FF6400"，画笔参数设置及效果如图 1-10 所示。

图 1-10　画笔参数设置及效果

【步骤10】再新建"图层4",这层为光源的中心,笔触大小为84,颜色为"#FFFF50"。最后将两个图层的混合模式设置为"线性减淡"。画笔参数设置及效果如图1-11所示。

图1-11　画笔参数设置及线性减淡效果

【步骤11】合并所有图层,单击"图层4",按住【Shift】键单击"背景"图层将所有图层选中。按住【Ctrl+E】快捷键合并所有图层。调整画面色彩平衡数值,最终效果如图1-12所示。

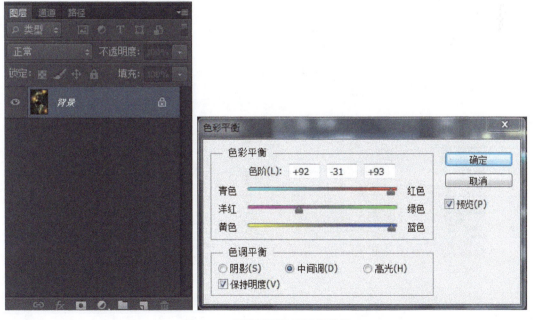

图1-12　调整画面色彩平衡效果

图 1-12　调整画面色彩平衡效果（续）

【步骤 12】为画面添加相关广告文字说明，打开素材"1"和"2"，并右击"1""2"图层对其进行栅格化处理，如图 1-13 所示。

图 1-13　打开素材并栅格化

【步骤 13】运用【多边形套索工具】对彩电的白色区域进行选区，然后将其删除。按【Ctrl+T】快捷键对图层"1"和图层"2"进行缩放，效果如图 1-14 所示。

第一章 产品广告

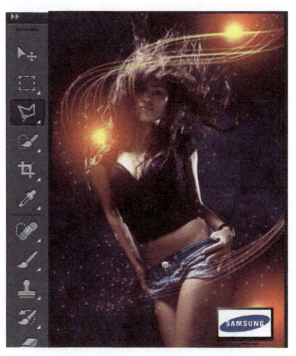

图1-14 缩放图片

【步骤14】单击工具栏中的【文字工具】，书写广告语"炫彩你生活"，字体为"叶根友蚕燕隶书"，书写广告语"Colorful Life"，字体为"corbel"，添加文字效果如图1-15所示。

图1-15 添加文字效果

【步骤15】三星彩电广告制作完成，最终广告效果如图1-16所示。

图1-16　最终广告效果

1.6　设计任务二

接下来我们将结合上述所学的有关广告的知识点，以美汁源饮料为例，运用Photoshop CS6制作商业类广告。广告制作的最终效果如图1-17所示。

图1-17　效果图

【步骤1】新建文件,背景图层填充#692707 到#bf4307 的渐变色,如图 1-18 所示。

图 1-18　填充渐变

【步骤2】新建"图层1",用椭圆工具画一个椭圆,填充白色,新建"图层2",用矩形选框工具画一个矩形,填充白色,将椭圆和矩形结合在一起,合并图层1,2,如图 1-19 所示。

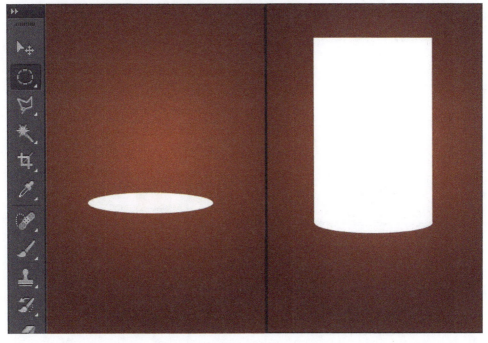

图 1-19　绘制图形

【步骤3】双击"图层2",为其进行渐变叠加图层样式设计,具体参数的设置如图 1-20 所示。

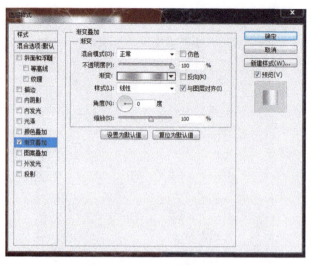

图 1-20 渐变叠加参数的设置

【步骤 4】复制"图层 2",对"图层 2 副本"进行图层样式设计,分别对斜面和浮雕,描边,渐变叠加进行数值调整,最终效果如图 1-21 所示。

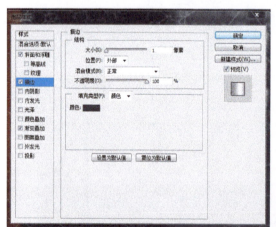
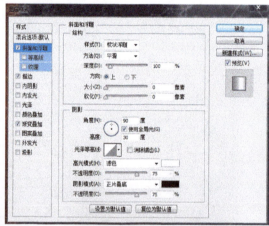
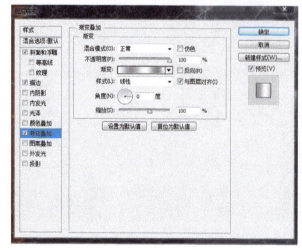

图 1-21 图层样式设置及效果

【步骤5】复制"图层2副本",对"图层2副本2"向上轻移,对其图层样式中渐变叠加的色彩调整为#5d2100 到#9e4905,如图1-22 所示。

图1-22　颜色叠加

【步骤6】按住 Ctrl+图层2副本2,载入"图层2副本2"选区,再用带有羽化值为10的矩形选框工具减去一定宽度,对剩下的区域进行渐变色的填充,如图1-23 所示。

图1-23　填充渐变

【步骤 7】再用带有羽化值为 10 的矩形选框工具截选一部分区域，进行渐变色的填充，如图 1-24 所示。

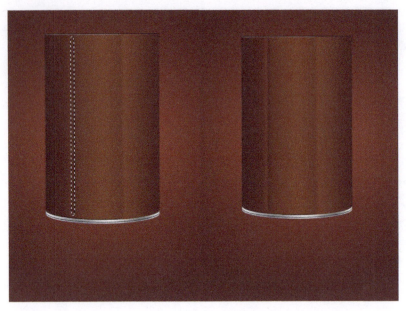

图 1-24　渐变效果

【步骤 8】合并背景图层以外的所有图层，生成"图层 3"，按 Ctrl+T 组合键对"图层 3"进行变形处理，如图 1-25 所示。

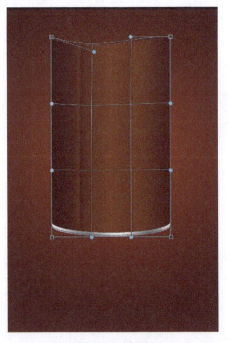

图 1-25　变形

【步骤 9】找出水果素材，载入画面当中，运用魔棒工具将背景去掉，和原有图形结合摆放在画面合适的位置上，用带有羽化值为 15 的椭圆选框工具画一个椭圆，填充色彩#632406，然后取消选区，如图1-26所示。

图1-26　绘制椭圆

【步骤10】运用文字工具将广告当中的文字输入完成，打开素材文件，将标识摆放在如图1-27所示的位置，完成该则广告的制作。

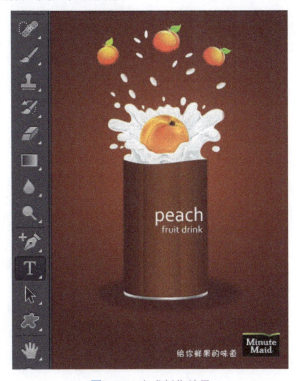

图1-27　完成制作效果

作品欣赏

作品欣赏如图 1-28～图 1-35 所示。

图 1-28　作品欣赏 1

图 1-29　作品欣赏 2

图 1-30　作品欣赏 3

图 1-31　作品欣赏 4

图 1-32　作品欣赏 5

第一章　产品广告

图 1-33　作品欣赏 6

图 1-34　作品欣赏 7

图 1-35　作品欣赏 8

课后实训

为某品牌小家电设计一至两则杂志广告。

要求：

1．尺寸：正 16 开；

2．能够较好地展现品牌形象；

3．颜色搭配合理，图形、文字等视觉符号的形式能传达出设计者的思想，构图新颖，有创新意识。

第二章

画册设计

画册是一个展示平台，不管是企业还是个人，都可以成为画册的拥有者。画册设计就是用流畅的线条，涵盖个人或企业的风貌、理念、和谐的图片或优美的文字，富有创意和可赏性地组合成一本具有宣传企业、产品或个人形象的精美画册。

在当今商务活动中，画册在企业形象推广和产品销售中的作用越来越重要。在远距离的商业运作中，画册起着沟通桥梁的作用。企业是做什么的，能提供什么服务，优势在哪等情况，都可以通过精美的画册静态地展现在目标消费人群面前。高档画册是企业或品牌的综合实力的体现，在创意的过程中，依据不同的内容、不同的诉求、不同的主题特征，进行优势整合，统筹规划，通过采用美学的点线面，既统一又有变化的视觉语言，高质量的插图，配以策划师的文字，能够全方位立体展示企业的文化、理念和品牌形象。

本章简介

本章主要讲解的是一则产品的画册制作。通过分析画册版式、风格定位、色彩应用及设计流程等内容，结合该产品宣传画册的封面、封底、内页的制作，来详细介绍画册设计的有关知识和技巧。

本章重点

◇ 掌握画册设计的设计流程。
◇ 掌握画册版式设计的原则、风格定位等知识。
◇ 掌握图层蒙版的使用方法。
◇ 掌握路径的使用技巧。
◇ 掌握外挂画笔的加载和使用。

◇ 掌握模糊滤镜的使用方法。

学习目标

掌握画册版式设计的原则、风格定位、色彩的应用和设计流程，能够独立完成产品宣传画册的设计和制作。

2.1　画册版式设计的原则

所谓画册版式设计，就是画册的排版。一个好的画册，既要追求有规律、不散乱，还要追求排版灵活多变，有鲜明的特点，让人过目不忘。版式设计的目的是将平面的主要视觉元素——文字、图形、色彩，在限定的空间内选择符合内容的形式将其组合，以传达准确的信息。其中画册、样本的版式设计具有较大的代表性。具体来说，版式设计的原则有以下几点。

1. 主题形象强化

在进行版式设计构思时，突出、强化主题形象的措施是，多次、多角度地展示这一主题。从变化中求得统一，进一步强化主题形象，如图 2-1 所示。

图 2-1　主题形象强化

2. 版块分疆缺损

按黄金分割比例，留出相当于黄金分割律画出的一个方块，即顶上顶右排文字作为一块，另顶上通栏留白一块，顶下顶左留白一块。这种版式设计布局比较合理，标题与文字的版块左右呼应，高低顾盼，文图分布疏密有致。版面既呈三方块的分疆，又在分疆中有缺损，使之变化，如图 2-2 所示。

图 2-2　版块分疆

3．订口为轴对称

将画册左边与右边两页，即双码与单码两面当成一面看，此设计版式，常会有一种大气魄的整体感，给视觉带来新鲜的刺激。以订口为轴的对称版式，外分内合，张敛有致，或造成版面、开本的扩张，或加强向心力的聚敛，有衡稳之效，如图 2-3 所示。

图 2-3　以订口为轴的对称版式

4．书眉交叉倒错

采用书眉交叉倒错的方法，根据人的视线一般从幅左下方往右上方移动的规律，双码书眉排在地脚，单码书眉排在天头，一天一地，左右交错，全书书眉间隔倒错，耐人寻味。上、下、左、右间隔交错的这种书眉，打破常规的绝对对称之均衡，在形式上呈现令人惊讶的新意，有独特的审美价值，如图 2-4 所示。

图 2-4　书眉交叉倒错

5. 大胆留出空白

版面空白，是使版面注入生机的一种有效手段。大胆地留出大片空白是现代书籍版式设计意识的体现。恰当、合理地留出空白，能传达出设计者高雅的审美趣味，打破死板呆滞的常规惯例，使版面通透、开朗、跳跃、清新，给读者在视觉上造成轻快、愉悦的刺激，使眼睛得到松弛、休息。当然，大片空白也不可乱用，一旦有空白，必须有呼应、有过渡，以免为形式而形式，造成版面空泛。画册留白效果如图 2-5 所示。

图 2-5　画册留白

6. 图案化的书眉

书眉除具有方便检索查阅的功能外，还具有装饰的作用。一般书眉只占一行，并且只由横线及文字构成。用图案做书眉，虽然十分夸张，却仍然得体，并使被表达对象的特征更加鲜明、突出，产生一种令人叫绝的美感。

图 2-6　图案化书眉

2.2　客户需求分析

在设计画册前,需要进行客户需求分析。所谓客户需求分析,就是要了解客户制作画册的目的,需要宣传的内容,以及产品的市场定位。画册是一家企业的宣传工具,宣传都是带有一定的目的性的,就画册来讲,可以分为企业形象展示、产品推广等不同方向,了解客户的具体需求是设计画册的第一步,是让你的画册设计做到有的放矢的关键。

进行客户需求分析时,一般要对客户进行业务的了解。明白业务之后,再对客户要实现的业务需求进行收集。最后根据业务和客户需求,整理出功能需求。

客户的需求是千差万别的,不了解客户的需求,就无法提供有效的服务,更不可能赢得客户忠诚。在实践中,通常可以通过以下方法来了解客户的需求。

(1)利用提问来了解客户的需求。要了解客户的需求,提问题是最直接、最简便有效的方式。通过提问可以准确有效地了解到客户的真正需求,为客户提供他们所需要的服务,

(2)通过倾听客户谈话来了解客户的需求。在与客户进行沟通时,必须集中精力,认真倾听客户的回答,站在对方的角度尽力去理解对方所说的内容,了解对方在想些什么,对方的需要是什么,要尽可能多地了解对方的情况,以便为客户提供满意的服务。

(3)通过观察来了解客户的需求。要想说服客户,就必须了解他当前的需要,然后着重从这一层次的需要出发,动之以情,晓之以理。在与客户沟通的过程中,你可以通过观察客户的非语言行为了解他的需要、欲望、观点和想法。总而言之,通过适当地问问题,认真倾听,以及观察他们的非语言行为,可以了解客户的需求和想法,更好地为他们服务。

2.3　设计风格的总体定位

在分析客户需求的基础上,可以开始画册的设计策划了。这里主要包括画册的设计风格及画册设计的定位。

2.3.1　画册设计的定位

画册设计的定位影响着画册整体的设计效果,设计定位是否准备充足,直接关系到画册设计是否成功。根据画册的特点,画册设计的定位需要考虑以下几个方面的因素。

1. 价值定位

进行画册设计之前,首先应该确定画册的基本价格。在进行价格定位时,要充分考虑画册内容的价值、画册的制作周期、画册所针对的读者群体,以及这些读者群体的购买能力等。在确定了画册的价格后,才能在价格的范围内选择适当的印刷材料、确定相应的印刷工艺。如果定位不准确或事先不做考虑就随意进行设计,那么在设计完成之后就可能会使画册设计超出企业预算。

2. 设计风格定位

设计风格定位是指为画册选定一种最适合的设计风格或表现形式。画册设计的风格多种多

样，在进行画册设计前，首先需要根据不同种类的画册特点以及客户的文化程度、群体个性等，确定画册设计的整体风格。需要注意的是，设计也绝不是简单的对号入座，在正确定位基础上的突破和创新才是最重要的。

3. 客户定位

如何通过设计来满足客户的需求是设计师的工作。有的画册针对性非常明确，客户需求也非常清楚，在进行画册设计时方向就容易把握。但是有的画册针对的客户需求模糊，需要仔细分析才能把握客户的目的，这样就需要设计师耐心细致地沟通，以明确客户的真正需求，做好客户定位。

2.3.2　画册设计的风格

画册的设计可以分为很多种，比如企业型画册、宣传型画册、产品型画册等，这些画册根据设计目的的不同，其设计的风格也会有所不同。比如，医院的画册设计需要给人以和谐、信任的感觉，所以风格要求稳重大方；IT 产品的画册设计需要体现高科技和 IT 行业特点，所以风格要求简洁明快，等等。画册的设计风格决定了画册的宣传效果，是画册成败的关键。

对于初学者来说，画册设计的风格难以把握，可以通过以下途径来锻炼。

1. 多查阅资料，激发创作灵感

在设计制作画册时，最常见的准备方式就是查阅画册相关资料和学习各种成功案例。在资料的分析研究中，可以吸取成功的设计经验，可以从中寻找灵感和创作激情。此外，画册是一种文化载体，在画册中要体现内在的意义和文化内涵，这些都依赖于平时的积累和学习。只有将各类知识融会贯通，才能创作出既新颖又适宜的画册设计。

2. 要充分沟通，把握设计方向

画册设计的客户需求是设计的前提，同时画册的受众心理分析也应作为画册设计人员需求考虑的重要因素。设计师不能只满足画册客户的宣传目的，还要了解画册宣传对象，掌握他们的喜好和心理特征。很多常见的情况是设计师的呕心之作，却在市场中没有任何波澜。这种尴尬出现的原因在于，设计师的设计出发点脱离了受众，这样的设计就会没有前景。设计师应该学会仔细聆听，有足够的耐心分析受众、客户的意见和建议，并结合自己的专业知识和技能，把握好设计的方向，避免造成设计上的混乱。

2.4　色彩的应用及设计流程

2.4.1　色彩的应用

色彩与眼睛关系的重要性就像我们的耳朵一定要欣赏音乐一样，画册的色彩应用是指在画册设计过程中颜色怎样搭配才好看，才能使画册中的各组成元素通过颜色的搭配运用变得和谐统一，从而吸引受众的眼球。在设计中，我们有很多的色彩可以选用，但一定要选择我们最合适的色彩。

从色彩的基本原理上来看，我们将色彩分为3个色调12色相环，如图2-7所示。

（1）暖色调：红、橙、黄，可以使画册整体呈现一种温馨、和煦、热情、活泼的氛围。

（2）冷色调：青、绿、紫，可以使画册整体呈现一种静谧、凉爽、冷艳、雅致的氛围。

（3）对比色调：把色性完全相反的色彩搭配在一个画册中，比如，红和绿、橙和蓝、黄和紫，它会产生强烈的视觉效果，给人一种闪亮、耀眼、艳丽、喜庆的感觉。但是运用对比色调的时候一定要注意，运用不好往往会起到相反的效果。

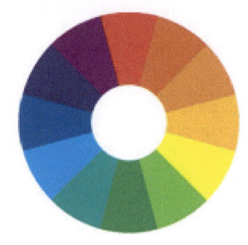

图2-7　12色相环

2.4.2　画册的设计流程

画册设计的流程一般可以分为以下几步。

（1）客户需求分析。

（2）收集整理资料。

（3）整体方案策划（方案、基调、风格、画册的印刷工艺）。

（4）平面方案设计。

① 封面、封底及内页的方案设计；

② 客户确认封面、封底及内页的设计方案；

③ 开始内页设计制作；

④ 完成全部设计。

（5）出黑白稿样，客户一校确认文字无误。

（6）出喷墨彩稿样，客户二校确认大体色彩（如有修改，则要求客户盯屏修改无误后出彩喷稿样）。

（7）客户通过后，签字出片打样。

（8）打样送客户签字，印刷。

（9）出货验收。

2.5 企业画册案例

这里，我们介绍一则企业产品画册的设计与制作。在设计这则企业画册时，所用的颜色以灰色调为主，灰色系属于公众宣传色，这种色调会使画册风格协调、和谐，不失大气，能够很好地体现宣传的内容。

因为篇幅有限，我们只介绍封面、封底和一张内页的制作方法。

2.5.1 封面、封底的制作

在制作封面、封底时，按照订口为轴对称的原则，将封面、封底当成一面设计，此种设计版式，会有一种大气魄的整体感。

【步骤 1】按【Ctrl+N】快捷键新建文件，具体参数的设置如图 2-8 所示。

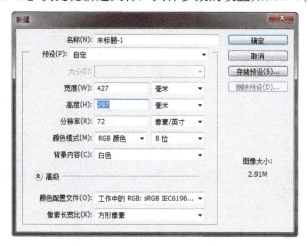

图 2-8　新建文件参数设置

【步骤 2】打开标尺，拖曳一条垂直方向的参考线到文件中心位置。新建图层，并设置前景色为"R：208，G：212，B：211"，然后，选取【矩形选框工具】，在参考线的左侧制作一矩形选区，按【Alt+Delete】快捷键填充前景色。效果如图 2-9 所示。

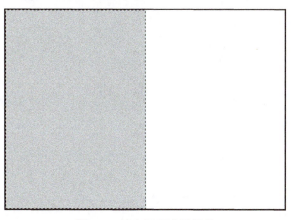

图 2-9　填充矩形选区颜色

【步骤3】新建图层,按【Ctrl+Shift+I】快捷键对选区进行反选,然后设置前景色和背景色分别为"RGB(234,236,237)"和"RGB(167,168,169)"。再选取【渐变工具】,选择前景到背景渐变,并适当地调整左侧色标的位置,选择径向渐变方式,对选区填充颜色,如图2-10所示。

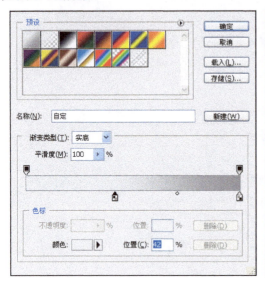
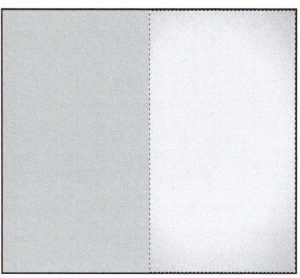

图2-10 对选区填充渐变

【步骤4】新建图层,设置前景色为"RGB(175,175,176)",然后选取【圆角矩形工具】,绘制如图2-11所示的图形。

图2-11 绘制圆角矩形

【步骤5】新建图层,设置前景色为"RGB(227,229,227)",并载入圆角矩形的选区,执行"选择/修改/收缩"命令,将该选区收缩10像素,按【Alt+Delete】快捷键填充前景色。再新建图层,选择画笔工具,载入素材中的外挂画笔。选取相应的笔刷效果,并对所绘制的图形进行变形等操作,效果如图2-12所示。

【步骤6】打开素材文件"衬衫1.jpg",利用【魔棒工具】将衬衫抠出,并复制到当前文件中。用同样的方法将素材文件"衬衫2.jpg""衬衫3.bmp""衬衫4.bmp"和"领带.jpg"中的图片分别抠出,并分别复制到当前文件中。对4件衬衫分别进行大小变换,同时进行适当的旋转,并移动到圆角矩形内,如图2-13所示。

图2-12 绘制的图形变形效果　　　　　　图2-13 加载图片并调整图片大小及位置

【步骤7】选择任何一件衬衫所在的图层,添加"投影"图层样式。然后在该图层上右击,在弹出的快捷菜单中选择"拷贝图层样式"命令,然后分别在其他衬衫和领带所在的图层上右击,在弹出的快捷菜单中选择"粘贴图层样式"命令。并选取【文字工具】,输入如图2-14所示的文字内容。

图2-14 添加效果和文字

【步骤8】选择【文字工具】,输入文本内容。文本"carrs"的字体设置为"Century Gothic";文本"i"的字体设置为"Monotype Corsiva";文本"凯黎世"的字体设置为"方正中倩简体",效果如图2-15所示。

图 2-15 输入文字

【步骤 9】新建图层,将前景色设置为"白色"。选择形状工具组中的【矩形工具】,绘制如图 2-16 所示的矩形效果。选择【文字工具】,添加文字。

图 2-16 绘制矩形和添加文字

【步骤 10】选取【渐变工具】，编辑如图 2-17 所示的"白→深灰→白"渐变。然后选择白色矩形框所在图层，并创建图层蒙版。选择图层蒙版，利用【渐变工具】从左到右进行线性渐变填充。再使用【路径工具】，绘制如图 2-17 所示的形状，并添加渐变。

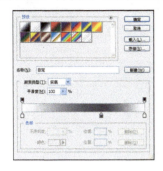 

图 2-17　添加蒙版和路径

【步骤 11】打开素材文件"领带.jpg"，拖入到新建文件中，添加投影的图层样式。放置到如图 2-18 所示的位置。

图 2-18　调入素材　　　　　　　　　　图 2-19　输入文字

【步骤 12】绘制椭圆选区，填充蓝色。并输入如图 2-19 所示的文字效果。放置到图片的右上角。

【步骤 13】完成封面、封底的制作，效果如图 2-20 所示。

图 2-20　封面、封底效果

2.5.2 内页一的制作

内页的制作还是采用与封面、封底相同的风格和色彩搭配，使画册整体统一，不散乱。

【步骤 1】新建文件，宽度为 427 毫米，高度为 297 毫米，分辨率为 72 像素/英寸，颜色模式为 RGB 颜色，背景内容为"白色"，如图 2-21 所示。

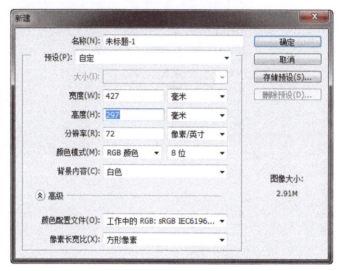

图 2-21　新建文件参数设置

【步骤 2】打开标尺，在 21 厘米处拖曳一条垂直参考线。新建图层，选取【矩形选框工具】，在参考线的左侧制作一个矩形选区，该选区宽度为 9 厘米。然后选取【渐变工具】，前景色和背景色分别设置为"RGB（228，228，232）"和"RGB（230，230，231）"，并填充从上到下的线性渐变，效果如图 2-22 所示。将左侧图形复制到右侧，并调整图层不透明度为 80%。

图 2-22　添加矩形并填充渐变

【步骤 3】新建图层，选择【钢笔工具】，绘制如图 2-23 所示的路径，按【Ctrl+Enter】快捷键，填充前景色为"RGB（89，87，87）"。复制该图层，对该图层图像进行水平翻转和垂直翻转，并进行适当的调整和移动。

图 2-23　绘制路径形状并填充前景色

【步骤 4】选择【画笔工具】，在画笔选项栏中选择"喷枪双重柔边圆形画笔"。新建图层，设置前景色为"RGB（207，207，208）"。根据需要不断地调整画笔选项栏中画笔直径、不透明度和流量的值，绘制如图 2-24 所示的图像。

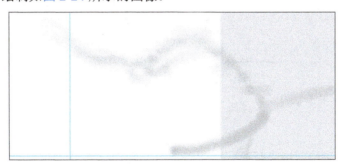

图 2-24　使用【画笔工具】绘图

【步骤 5】选取【加深和减淡工具】，对应的选项栏中"曝光度"的值最好控制在 20% 以内，并不断地调整画笔直径的大小，对上面绘制的图像进行修饰，效果如图 2-25 所示。继续对绘制的图像进行处理，执行"滤镜"→"模糊"→"高斯模糊"命令，在弹出的对话框中，将半径值设置为 0.5 像素。

图 2-25　修饰图像

【步骤6】选择【画笔工具】，选择"载入画笔"命令，在打开的对话框中分别载入素材文件夹中的"墨迹喷溅笔刷.abr"和"喷血血迹笔刷.abr"。此时选项栏窗口中就能看到载入的笔刷了。分别选取新载入的画笔，绘制如图2-26所示的背景图像。

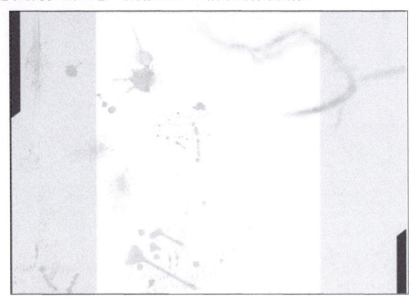

图2-26　加载外挂画笔绘图

【步骤7】打开素材图片"内页人物.jpg"文件，将抠出的人物复制到当前文件中，自由变换后调整大小，并移动到相应的位置，效果如图2-27所示。

图2-27　插入抠出的人物图像

【步骤8】打开素材文件"01.jpg""02.jpg""03.jpg"和"04.jpg"，并分别复制到当前文件中，调整每个图像的位置，效果如图2-28所示。

图 2-28　复制图片并调整位置后的效果

【步骤 9】新建图层，设置前景色为"RGB（98，97，97）"。选取形状工具组中的【直线工具】，在其对应的工具选项栏中，选择"填充像素"选项，并将"粗细选项"的值设为 3 像素。然后，按住【Shift】键绘制如图 2-29 所示的直线。

图 2-29　绘制直线效果

【步骤 10】选择形状工具组中的【圆角矩形工具】,在其对应的工具选项栏中,选择"路径"选项,并将"半径"选项的值设置为 15 像素,绘制如图 2-30 所示路径。新建图层,设置前景色为"RGB(98,97,97)"。按【Ctrl+Enter】快捷键,将路径转换成选区,执行"编辑"菜单中的"描边"命令,给该选区用 3 像素描边,并选择【文字工具】,添加文字。

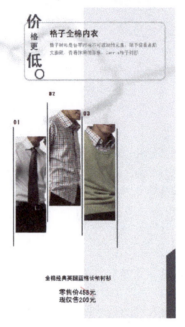

图 2-30　添加圆角矩形和文字

【步骤 11】继续添加文字。到这里,内页效果图就制作完成了。效果如图 2-31 所示。

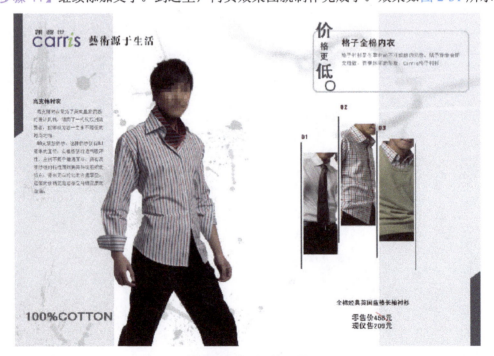

图 2-31　内页一效果图

2.5.3 内页二的制作

内页二的制作色调与内页一保持一致，在构图上稍有不同。既保持风格统一，又有所变化。

【步骤1】新建文件，宽度为427毫米，高度为297毫米，颜色模式为RGB模式，分辨率为72像素/英寸，具体参数的设置如图2-32所示。

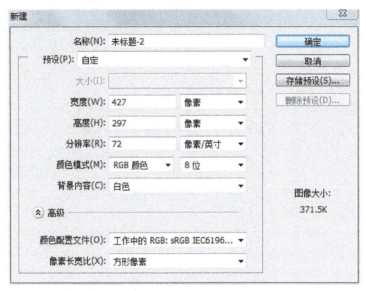

图2-32　新建文件

【步骤2】使用钢笔工具，绘制如图2-33所示的路径形状，新建图层，填充深灰色RGB（89，87，87）。

图2-33　绘制路径

【步骤3】使用钢笔绘制如图2-34所示的路径,新建图层,填充浅灰色RGB(230,230,231)。

图2-34　绘制路径

【步骤4】打开素材"衬衫1.jpg",调入到新建文件中,将图层不透明度调整为17%,放大并旋转,放置到如图2-35所示的位置。

图2-35　调入素材

【步骤5】找到浅灰色图层的选区，为衬衫所在图层添加图层蒙版，效果如图 2-36 所示。

图 2-36　添加图层蒙版

【步骤6】依照前面制作标志的方法，制作如图 2-37 所示的文字效果。

图 2-37　输入文字

【步骤7】将文字复制，只保留英文字母部分，将其颜色改为浅灰色RGB（222，222，222），如图 2-38 所示。

图 2-38　改变文字颜色

【步骤 8】将文字旋转一定角度，使用矩形选框工具，在文字周围绘制矩形选区。选择"编辑"菜单中的"定义图案"命令，将该文字定义为图案，图案的名称由系统自动产生，如图 2-39 所示。

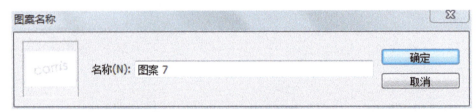

图 2-39　定义图案

【步骤 9】在背景层上方新建图层，选择"编辑"菜单中的"填充"命令，打开如图 2-40 所示的对话框，进行参数设置。选择上面定义的文字图案进行填充，图层的不透明度调整为 50%，填充效果如图 2-41 所示。

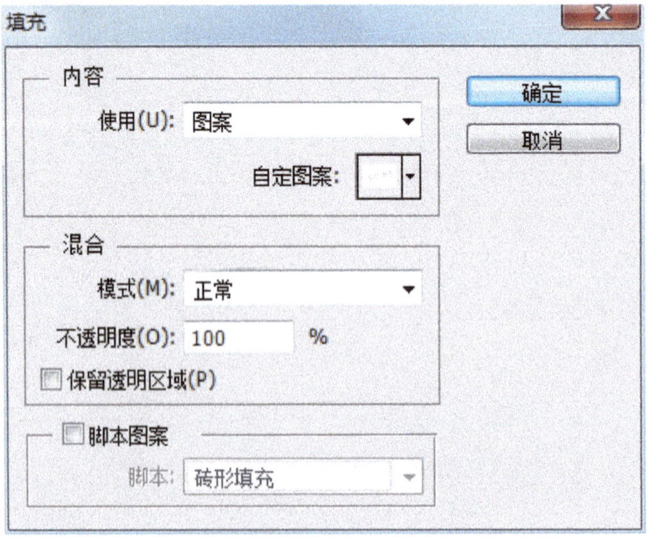

图 2-40　填充

图 2-41　填充效果

【步骤 10】调入素材"剪裁.jpg",放置到如图 2-42 所示的位置,调整不透明度为 44%。

图 2-42　调入素材

【步骤 11】为该图层添加图层蒙版,使用黑色的带有羽化值的画笔在蒙版中绘制,将图片的边缘处理成淡化晕开的效果,如图 2-43 所示。

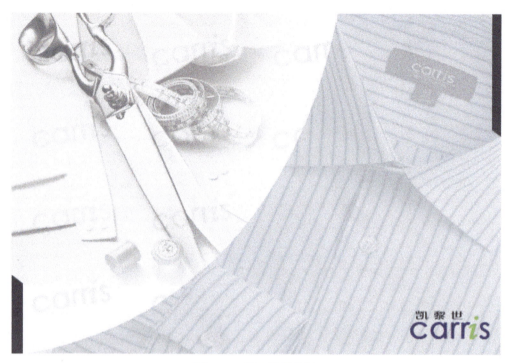

图 2-43　添加图层蒙版

【步骤 12】调入素材"细节 1.jpg"、"细节 2.jpg"和"细节 3.jpg",调整其大小后放置到如图 2-44 所示的位置。

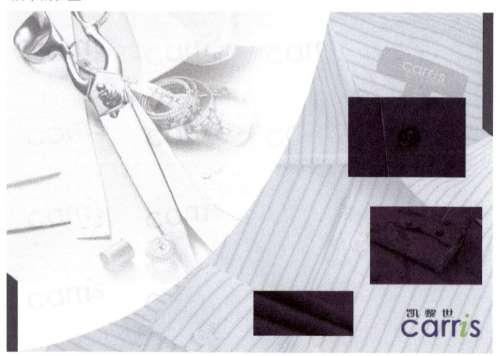

图 2-44　调入素材

【步骤 13】选择画笔工具,大小为 8 像素,打开画笔调板,调整笔尖间距,具体参数的设置如图 2-45 所示。

图 2-45　调整笔尖间距

【步骤 14】新建图层，前景色设置为灰色 RGB（164，164，164），按住【Shift】键绘制直线，效果如图 2-46 所示。

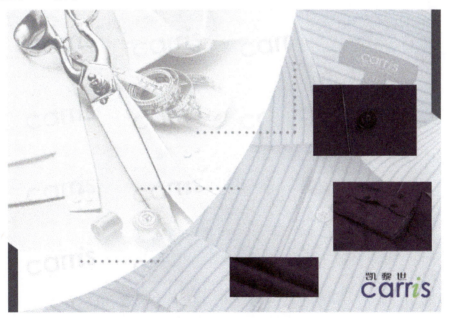

图 2-46　绘制线条

【步骤 15】绘制椭圆选区，填充紫色 RGB（62，31，48），复制后放置到如图 2-47 所示的位置。并输入白色数字。

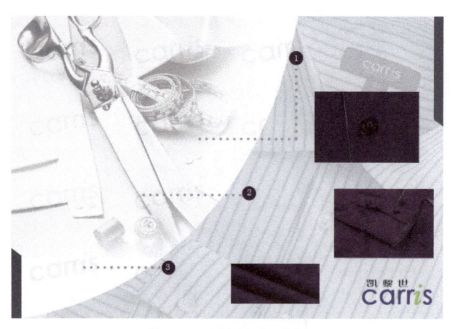

图 2-47 绘制椭圆并输入数字

【步骤 16】输入说明文字,对某些文字改成红色提亮显示。完成内页二的制作,效果如图 2-48 所示。

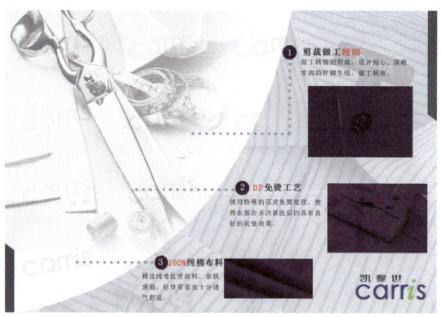

图 2-48 内页二效果

作品欣赏

作品欣赏如图 2-49~图 2-57 所示。

第二章 画册设计

图 2-49　作品欣赏 1

图 2-50　作品欣赏 2

图 2-51　作品欣赏 3

图 2-52　作品欣赏 4

图 2-53　作品欣赏 5

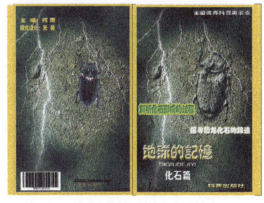

图 2-54　作品欣赏 6

图 2-55　作品欣赏 7

049

图 2-56　作品欣赏 8

图 2-57　作品欣赏 9

课后实训

为教材"三大构成"一书设计封面、书脊以及封底。

要求：

1．尺寸：正 16 开；

2．封面的设计能与教材的内容和谐统一；

3．图形、文字、色彩等视觉符号的形式能传达出设计者的思想、气质和精神，强调设计意识，风格要新颖。

4．附带 100 字的文字说明（想法、设计思路）。

第三章

网 页 设 计

随着时代的进步、信息技术的发展和普及，人们的生活与网络越来越密不可分。人们可以通过浏览各种网页来获取资讯、游戏娱乐、购买商品。对于企业来说，网页更是开展电子商务和信息平台的必须手段，企业的网址也成为企业无形资产的组成部分，是在网络上宣传和反映企业形象及文化的重要窗口。

网页设计是一个广义的术语，很多人以为网页设计就是指客户端（即用户）能够看到的界面，实际上网页设计既包括网页上的图形设计、界面设计，也包括后台的代码和专有软件。一般在设计制作网站时，会是团队协作的方式，每人或每组有不同的分工，在统一的设计理念和规范指导下，共同完成整个网页的开发。

本章简介

本章主要侧重于网页前端的设计制作，主要介绍网页设计的特点和要求、导航栏的设计制作以及广告栏的设计制作。通过一则企业宣传网站，来详细说明导航栏和广告栏的制作方法。

本章重点

◇ 掌握网页设计的特点和要求。
◇ 掌握导航栏和广告页面的类型。
◇ 掌握图层混合模式的使用方法。
◇ 掌握图层蒙版的使用技巧。
◇ 掌握形状工具的使用。
◇ 掌握调整色相/饱和度的方法。

> 学习目标
>
> 掌握网页设计的特点和要求,掌握网页导航栏和广告栏的类型及作用,能够独立完成网页的导航栏和广告栏的制作。

3.1 网页设计的特点及要求

在进行网页设计时,必须要明确建立网站的目标和用户需求。一般企业类的网页设计主要用来展现企业形象、介绍产品和服务、体现企业发展战略等,例如,淘宝网等商务网站,如图3-1所示。个人的网页设计主要用来展现个人的特点、观念、感悟等私人的内容,例如,QQ空间等网站。我们一定要明确设计网页的目的,了解用户的需求,才能做出切实可行的设计计划,必须以"用户为中心",而不是以"美术为中心"进行设计。

图3-1　页面设计示例

3.1.1 网页设计的特点

网页设计是一种技术与艺术的紧密结合,具体表现在以下几个方面。

1. 交互性与持续性

交互性就是网页和浏览者之间信息传递的双向性。网站不是一个"被动"的媒体。和电视、电台等媒体不一样的是,网页是需要我们用鼠标去单击的。浏览者单击链接,网页显示出需要的内容然后传递给浏览者,这就是网页的交互性。

在网络环境下,人们不再是一个传统媒体方式的被动接受者,而是以一个主动参与者的身份加入到信息的加工处理和发布之中。这种持续的交互,使网页艺术设计不像印刷品设计,发表之后就意味着设计的结束。网页设计人员必须根据网站各个阶段的经营目标,配合网站不同时期的经营策略,以及用户的反馈信息,经常地对网页进行调整和修改。例如,为了保持浏览者对网站的新鲜感，很多大型网站总是定期或不定期地进行改版，这就需要设计者在保持网站视觉形象一贯性的基础上，不断创作出新的网页设计作品。

2. 多维性

网页的多维性就是指用户可以在网页的各种主题之间自由跳转，而不是像电视、电台等媒体一样线性的接收方式。网页的多维性主要体现在网页的超级链接上，也就是在网页中提供为浏览者考虑得很周到的导航设计，提供了足够多、不同角度的链接，帮助读者在网页的各个部分之间跳转，并告知浏览者现在所在的位置、当前页面和与其他页面之间的关系等。而且，每页都有一个返回主页的按钮或链接，如果页面是按层次结构组织的，通常还有一个返回上级页面的链接。

3. 媒体的综合性

目前网页中使用的多媒体视听元素主要有文字、图像、声音、视频等，随着网络带宽的增加、芯片处理速度的提高以及跨平台多媒体文件格式的推广，必将促使设计者综合运用多种媒体元素来设计网页，以满足和丰富浏览者对网络信息传输质量提出的更高要求。目前国内网页已经出现了模拟三维的操作界面，在数据压缩技术的改进和流媒体技术的推动下，网络上出现实时的音频和视频服务，典型的有在线音乐、在线广播、网上电影、网上直播等。因此，多种媒体的综合运用是网页艺术设计的特点之一，是未来的发展方向。

4. 版式的灵活性

网络应用很难在各个方面都制订出统一的标准，这必然导致网页版式设计的不可控性。其具体表现为以下几个方面。

（1）网页页面会根据当前浏览器的窗口大小自动格式化输出。
（2）网页的浏览者可以控制网页页面在浏览器中的显示方式。
（3）不同种类、版本的浏览器观察同一个网页页面，效果会有所不同。
（4）用户的浏览器工作环境不同，显示效果也会有所不同。

把所有这些问题归结为一点，即网页设计者无法控制页面在用户端的最终显示效果，但这也正是网页设计的吸引人之处。

3.1.2 网页设计的要求

网页设计的好坏，取决于网页的总体风格、色彩搭配、版式设计、用户体验等多方面，在进行网页设计时要充分考虑这些因素，以求达到最优效果。

1. 确定网页的整体风格

网页是一个结构复杂的整体，由若干页面组成，每个页面根据功能的不同，内容会有所不同。但是作为一个整体的构成部分，必须有统一的规范和标准来满足网页的整体形象给用户的综合感受。网页设计要有统一的标志、色彩、字体、标语，要有相同的版面布局、浏览方式、交互性、语气、文字、内容价值等，如图 3-2 所示。

图 3-2　确定整体风格

2. 网页色彩的搭配

在网页配色中,一定要切记避免一些误区,比如,不要用到所有的颜色,尽量控制在 3～5 种色彩以内。同时背景和前文的对比尽量要大(不要用花纹繁复的图案作背景),以便突出文字主要内容,如图 3-3 所示。

在色彩搭配中,常用的配色方式有以下几种。

(1)用一种色彩。这里是指先选定一种色彩,然后调整透明度或者饱和度,这样页面看起来色彩统一、有层次感。

(2)用两种色彩。先选定一种色彩,然后选择它的对比色。

(3)用一个色系。简单地说就是用一个感觉的色彩,例如,淡蓝、淡黄、淡绿,或者土黄、土灰、土蓝。

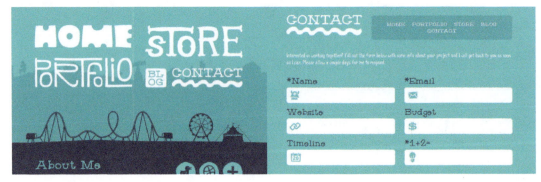

图 3-3　色彩搭配

3. 网页内容要易读

网页设计最重要的诀窍就是你制作的网页要易读。这就意味着,你必须花点心思来规划文字与背景颜色的搭配方案。注意不要使背景的颜色冲淡了文字的视觉效果,不要用花里花哨的色彩组合,否则会让人看起网页来很费劲。一般来说,浅色背景下的深色文字为佳。这个要点要求你最好不要把文字的规格设置得太小、也不能太大。文字太小,别人读起来难受;文字太大,或者文字视觉效果变化频繁,就像是冲着人大喊大叫,不舒服。另外,最好让文本左对齐,而不是居中。按当代中文的阅读习惯,文本大都居左。当然,标题一般应该居中,因为这符合读者的阅读习惯,如图 3-4 所示。

图 3-4　网站内容易读

3.2　导航栏的设计制作

导航栏在网页中起着链接各个页面的作用。网站使用导航栏是为了让访问者更清晰明朗地找到所需要的资源区域，寻找资源。导航栏有很多种常用的设计模式，我们会根据网页设计目的的不同，选择相应的设计模式。下面，我们介绍几种常用的导航栏设计模式。

1. 顶部水平栏导航

顶部水平栏导航是最早的，也是最流行的网站导航菜单设计模式之一。它最常用于网站的主导航菜单，且通常放在网站所有页面的网站头的直接上方或直接下方。这种设计模式对于只需要在主要导航中显示5～12个导航项的网站来说是非常好的，但是对于有非常复杂的信息结构且由很多模块组成的网站来说，如果没有子导航的话，这并不是一个完美的主导航菜单选择，如图3-5所示。

图 3-5　顶部水平栏导航

2. 竖直/侧边栏导航

侧边栏导航设计模式随处可见，几乎存在于各类网站上。侧边栏导航的导航项排列在一个单列内，一项在另一项的上面。它经常在左侧面或左上角，在主内容区之前。这是因为有一份针对从左到右阅读习惯的读者的导航模式的可用性研究发现，左边的竖直导航栏比右边的竖直导航效果要好，如图 3-6 所示。

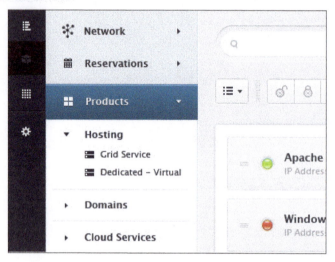

图 3-6　竖直/侧边栏导航

3. 选项卡导航

选项卡导航可以随意设计成任何你想要的样式，从逼真的、有手感的标签到圆滑的标签等。它存在于各种各样的网站里，并且可以纳入任何视觉效果。选项卡比起其他类别的导航有一个明显的优势：它们对用户有积极的心理效应。人们通常把导航与选项卡关联在一起，因为他们曾经在笔记本或资料夹里看见选项卡，并且把它们与切换到一个新的章节联系在一起。这个真实世界的暗喻使得选项卡导航非常直观，如图 3-7 所示。

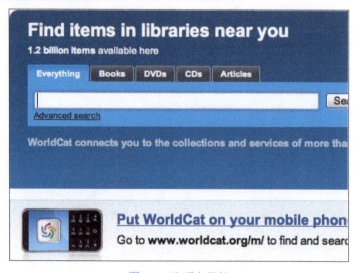

图 3-7　选项卡导航

4．面包屑导航

面包屑导航对于多级别、具有层次结构的网站特别有用。它们可以帮助访客了解到当前自己在网站中所处的位置。如果访客希望返回到某一级，它们只需要单击相应的面包屑导航项即可。面包屑导航不适于浅导航网站，当网站没有清晰的层次和分类的时候，使用它也可能产生混乱。面包屑导航最适用于具有清晰章节和多层次分类内容的网站，如图 3-8 所示。

图 3-8　面包屑导航

这里，我们为大家介绍一则网站的导航栏制作，如图 3-9 所示。该导航栏属于水平栏导航，因为是在引导页上，根据页面的设计和布局，我们将其放在了页面的下方。

图 3-9　网站导航栏

【步骤 1】打开素材文件"网站背景.jpg"，新建"课程简介"图层组。在该组中新建图层，选择【圆角矩形工具】，圆角半径为 10 像素，绘制如图 3-10 所示的圆角矩形，转换成选区后填充从"R：1，G：59，B：132"至"R：45，G：142，B：251"的线性渐变。

图 3-10　绘制圆角矩形

【步骤 2】将该圆角矩形按如图 3-11 所示的大小缩小，填充为"浅灰色（R：219，G：219，B：219）"，并添加"内阴影"图层样式，具体参数的设置如图 3-12 所示。

图 3-11　缩小圆角矩形

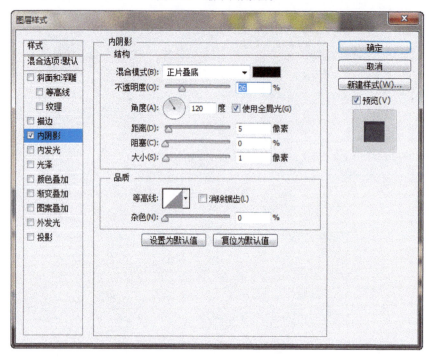

图 3-12　"内阴影"参数设置

【步骤 3】选择【椭圆选框工具】，绘制如图 3-13 所示大小的椭圆，填充为"纯白色"。再将该图层复制一层，填充为"248 度灰色（即 RGB 都为 248）"，缩小后添加"描边"图层样式，描边颜色为"237 度灰色"。

图 3-13　绘制椭圆

【步骤 4】导入素材文件"课程简介.png"，为图层添加"颜色叠加"图层模式，具体参数和效果如图 3-14 所示。

【步骤 5】在下方添加文字"课程简介"，建议使用字体为"汉仪广真"，效果如图 3-15 所示。

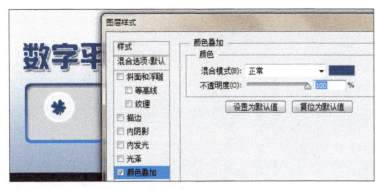

图 3-14　"颜色叠加"参数设置及效果

图 3-15　添加文字效果

【步骤 6】依此方法,分别导入素材文件"教学视频.png""自学项目.png""在线测试.png"和"辅导答疑.png",复制并添加文字,效果如图 3-16 所示。

图 3-16　复制图形并添加文字效果

【步骤 7】新建图层,选择【形状工具】,绘制如图 3-17 所示的形状,绘制后填充为深蓝色,并添加"进入网站"文字。

图 3-17　绘制形状并添加文字

【步骤 8】制作网页时,当鼠标划过这些按钮和图标时,会用颜色变化或动画来表现。所以,每个可以有响应的按钮和图标都会设计两种形式。这里,我们做一种最简单的效果表现。我们将上面做过的按钮图标的颜色,通过调整"色相/饱和度"命令调整为"浅绿色",也就是说,当鼠标划过按钮时,图标的颜色由"深蓝色"变为"浅绿色"。绿色效果如图 3-18 所示。

图 3-18　绿色效果

【步骤 9】在制作网页时，每个按钮和图标都要在单击后打开相应的页面，所以不光要有响应，还要有链接。我们在这个 PSD 文件的基础上，将该图进行切图，存为相应的图片后再做后期的操作处理。我们这里只介绍到设计制作 PSD 文件这一部分。

3.3　广告页面设计制作

广告页面是指在网页中放置的各种形式的链接广告，其主要目的是在网页中显示广告主的名称、品牌和产品等信息，还可以依靠单击实现交互，或者促成进一步的信息传递。常见的广告页面类型有以下几种。

1．横幅广告（也称为旗帜广告、通栏广告或 Banner）

横幅广告是最常见的网络广告形式，如图 3-19 所示。以 GIF、JPG 等格式建立图像文件，放置在网页中。它们大多放在网页的最上面或者最下面。统计结果显示，这是互联网上最流行的广告方式，大约占所有互联网广告的 60%。

图 3-19　横幅广告

2．按钮广告（也称为豆腐块广告或 Button）

按钮广告一般表现为图标，如图 3-20 所示。通常是广告主用来宣传其商标或品牌等特定标志的。常用的按钮广告尺寸有 4 种：125 像素×125 像素（方形按钮）、120 像素×90 像素、120 像素×60 像素、88 像素×31 像素。按钮广告尺寸偏小，表现手法较简单，容量不超过 8K。这类按钮和横幅广告相比所占的面积较小。

图 3-20　按钮广告

3. 对联广告

对联广告在页面两侧的空白位置呈现对联形式广告，区隔广告版位，广告页面得以充分伸展，同时不干涉使用者浏览，提高、吸引网友点阅，并有效传播广告相关信息，如图3-21所示。

图 3-21　对联广告

4. 弹出窗口广告

弹出窗口广告是在访问网页时，主动弹出的窗口。这些窗口一般会提供"关闭"选项，可以由浏览者决定是否关闭该广告窗口，如图3-22所示。

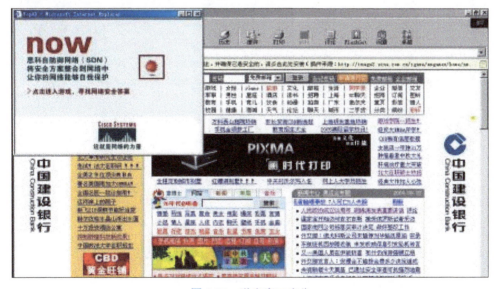

图 3-22　弹出窗口广告

5. 页面悬浮广告

页面悬浮广告是在网页页面上悬浮或移动的广告，可以为 GIF 或 FLA 等格式，如图3-23所示。

图 3-23　页面悬浮广告

6．翻卷广告

投放位置固定为频道首页的右上角，不随屏滚动，翻卷角上有明确的"关闭"字样，可以让用户单击后将广告卷回；或者翻卷后自动播放 8 秒后卷回。该类广告能够迅速吸引浏览者的目光，给浏览者留下深刻的印象，如图 3-24 所示。

图 3-24　翻卷广告

下面，我们为大家介绍一则网页上的广告页面制作，它是一幅横幅广告，出现在网页的最上面，如图 3-25 所示。

图 3-25　横幅广告范例

【步骤 1】按【Ctrl+N】快捷键新建文件，具体参数的设置如图 3-26 所示。

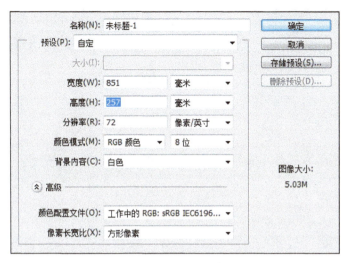

图 3-26　新建文件参数设置

【步骤 2】导入素材文件"草地.bmp",调整位置,如图 3-27 所示。

图 3-27　调入素材

【步骤 3】调入素材"楼房.jpg"文件,放置到如图 3-28 所示的位置。

图 3-28　调入素材

【步骤 4】使用魔棒工具,选择楼房天空部分,为该图层添加图层蒙版。在图层蒙版中会将选区部分自动填充为白色,选区之外区域自动填充为黑色。按【Ctrl+I】组合键反相,将黑白色区域交换,效果如图 3-29 所示。

图 3-29　添加蒙版

【步骤 5】我们要制作楼房掩在树木后面的效果。所以将草地所在图层复制一层，放到草地图层上方。使用魔棒工具，选中天空和白云部分，为该图层添加图层蒙版，图层面板如图 3-30 所示，效果如图 3-31 所示。

图 3-30　图层面板

图 3-31　添加蒙版效果

【步骤6】现在看来,右侧的楼房效果不是很好,所以考虑将其隐藏。选择楼房图层的图层蒙版,使用黑色带有羽化值的画笔,在不需要的楼房处涂抹,将其隐藏。效果如图 3-32 所示。

图 3-32　画笔涂抹

【步骤7】使用钢笔工具、转换点工具绘制如图 3-33 所示的路径形状,新建图层,填充为白色。

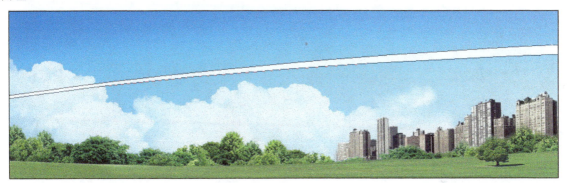

图 3-33　绘制路径

【步骤8】使用类似的方法,绘制如图 3-34 所示的路径,新建图层,填充为白色。

图 3-34　绘制路径

【步骤9】绘制如图 3-35 所示的路径形状,新建图层,填充浅灰色 RGB(218,218,218),效果如图 3-35 所示。

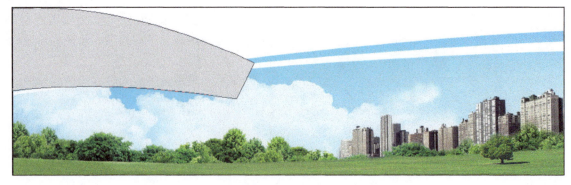

图 3-35　绘制路径

【步骤 10】为该图层添加图层蒙版，使用黑色带有羽化值的画笔进行涂抹，效果如图 3-36 所示。

图 3-36　添加图层蒙版

【步骤 11】将图层复制到右侧，放大，并使用画笔修改图层蒙版，调整显示和隐藏区域。并将两个图层的不透明度进行调整，效果参看图 3-37 所示。

图 3-37　复制并调整不透明度

【步骤 11】接下来绘制公司的 LOGO，依照图 3-38 至图 3-42，使用钢笔工具等绘制 LOGO 中的图形。

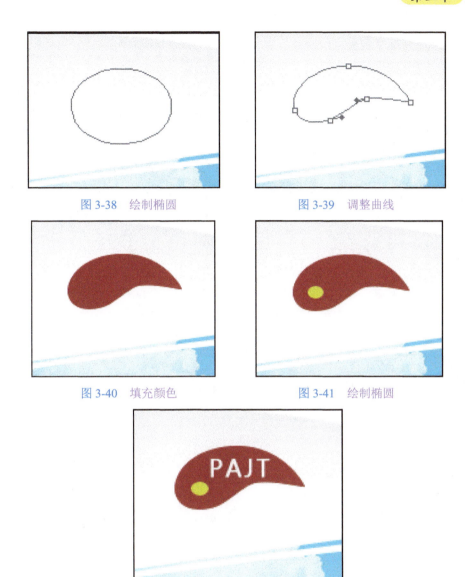

图 3-38　绘制椭圆　　　　　图 3-39　调整曲线

图 3-40　填充颜色　　　　　图 3-41　绘制椭圆

图 3-42　输入文字

【步骤12】输入文字"平安药业集团",字体为黑体,加粗,如图 3-43 所示。

图 3-43　输入文字

【步骤 13】使用画笔工具，绘制如图 3-44 所示的直线，作为中文和英文区域的分界线。

图 3-44　绘制线条

【步骤 14】输入英文字体，适当调整字体的间距和大小，如图 3-45 所示。

图 3-45　输入英文字体

【步骤 15】将上面所制作的 LOGO 相关图层全部选中，链接。调整其大小和位置，效果如图 3-46 所示。

图 3-46　放置 LOGO

【步骤 16】输入其他文字，并使用画笔工具绘制圆点效果，如图 3-47 所示。

图 3-47 输入文字

【步骤 17】输入广告性文字，如图 3-48 所示。一般在制作网页的横幅广告时，这部分文字会制作成动画效果，可以使用 Flash 软件完成文字的切换、缩放、淡入淡出等特殊动画效果，有兴趣的读者可以自行处理，这里不再赘述。

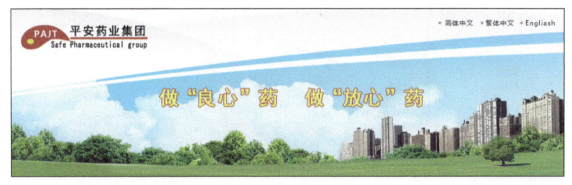

图 3-48 横幅广告

作品欣赏

图 3-49 作品欣赏 1

图3-50 作品欣赏2

图3-51 作品欣赏3

第三章 网页设计

图 3-52　作品欣赏 4

图 3-53　作品欣赏 5

课后实训

为某公司网站设计一至两则横幅广告。
要求：
1．尺寸：851 毫米×400 毫米；
2．能够展现公司品牌形象；
3．图形、文字、色彩等视觉符号的形式能传达出设计者的思想，强调设计意识，风格要新颖。

第四章

标 志 设 计

标志的种类繁多、用途广泛，无论从其应用形式、构成形式还是表现手段来看，都有着极其丰富的多样性。其构成形式，有直接利用物象的，有以文字符号构成的，有以具象、意象或抽象图形构成的，还有以色彩构成的。大多数标志是由几种基本形式组合构成的。

本章简介

本章主要讲解的是标志设计基础和案例，标志设计包括颜色设计、造型设计、抽象或者具象设计等，本章以"新星科技有限公司"网站标志和"人美"休闲馆标志为例，讲解了标志设计的设计方法和制作技巧。

本章重点

◇ 掌握标志设计的相关理论。
◇ 掌握标志设计的内涵挖掘方法。
◇ 掌握利用钢笔工具绘制不规则图形的方法。
◇ 灵活运用选区运算的方法。

学习目标

综合运用各种标志设计手法，能挖掘出标志设计的内涵，独立地完成标志设计、标志设计中色彩的运用，如红色代表积极、热情、活力，蓝色代表深沉、稳重等颜色的象征寓意，设计出简洁具有现代感的好的标志。

4.1　标志设计基础

标志是以特定的、明确的图像来表示或象征事物，它不仅代表了该事物的存在，而且也是其存在的目的、内容、性质的象征，是对事物的实质内容的图像化表达。标志的应用涉及社会的各个方面，范围大到国家，小至个人，涉及社会分工的各行各业，包括政府机构、学校、学术团体、工商企业以及文体活动等，不同的标志代表着不同的事物，反映出不同的信息。不同标志也可显现出传统文化、民族风格、地域特征、时代精神等不同内涵的特有痕迹。

4.1.1　标志的概念与分类

1. 概念

标志指代表特定内容的标准识别符号，标志是由具象或抽象的文字、图形组成的。

2. 分类

1）广义标志
广义标志包括所有通过视觉、触觉和听觉所识别的各种识别符号。
2）狭义标志
狭义标志是以视觉形象为载体，代表某种特定事物内容的符号式象征图案。
（1）根据标志所代表内容的性质，以及标志的使用功能，可将标志分为5类。
① 地域、国家、党派、团体、组织、机构、行业、专业、个人类标志；
② 庆典、节日、会议、展览、活动类标志；
③ 公益场所、公共交通、社会服务、公众安全等方面的说明、指令类标志；
④ 公司、产商、商店、宾馆、餐饮等企业类标志；
⑤ 产品、商品类标志；
其中，①②③为非商业类标志，④⑤由于涉及商品的生产和流通活动，属于商业类标志。
（2）标志在形式上分类，分为5类。
① 以点为主要造型元素；
② 以线为主要造型元素；
③ 以面为主要造型元素；
④ 以体为主要造型元素；
⑤ 综合造型元素。

4.1.2　标志设计的原则

标志设计的原则与标志的特点以及标志设计的目的有着密切的关系。

1. 功用性

标志的本质在于它的功用性。标志受本身要表达的内容的限制，实用价值是它独立存在的意义所在，它的制约也正是它的创意特色。经过艺术设计的标志虽然具有观赏价值，但标志主要不是为了供人观赏，而是为了实用。标志有为大家所共用的，如公共场所标志、交通标志等；有为国家、地区专用的旗徽等标志；有为社会团体、企业专用的，如图章、签名等，都各自具有不可替代的独特功能。

2. 识别性

识别性是标志的重要特点，除隐形标志外，绝大多数标志的设置是要引起人们注意。因此色彩强烈醒目、图形简练清晰是标志通常具有的物征。标志最突出的特点是各具独特面貌，易于识别，显示事物自身特征，标示事物间不同的意义，区别与归属是标志的主要功能。

3. 多样性

凡经过设计的非自然标志都具有某种程度的艺术性。既符合实用要求，又符合美学原则，给人以美感是对其艺术性的基本要求。标志的高度艺术化是时代和文明进步的需要，是人们越来越高的文化素养的体现和审美心理的需要。其应用形式，不仅有平面的，还有立体的。多数标志是由几种基本形式组合构成的。

4. 准确性

标志无论要说明什么，指示什么；无论是寓意还是象征，其含义必须准确。首先要易懂，符合人们认知心理和认知能力。其次要准确，避免意料之外的多解或误解。让人在极短时间内一目了然，准确领会是标志优于语言，快于语言的长处。

4.1.3 标志设计的技法

1. 定位

（1）从标志名称的文字定位。
（2）从标志名称的图形定位。
（3）以标志名称的图文配合定位。
（4）从标志所代表对象的外部特征定位。
（5）从标志所代表对象的内部特征定位。
（6）从标志代表对象发挥的效能定位。
（7）从突出标志个性特征的角度定位。

2. 表现手法

（1）表象手法。

表象手法采用与标志对象直接关联且具典型特征的形象。这种手法直接、准确，一目了然，易于迅速理解和记忆。比如若表现出版业则以书的形象来表象，表现铁路运输业以火车头的形象来表象，表现银行业以钱币的形象为标志图形，如图 4-1 所示。

（2）象征手法。

采用与标志内容有某种意义上的联系的事物、图形、文字、符号、色彩等，以比喻、形容等方式象征标志对象的抽象内涵。比如用挺拔的幼苗象征少年儿童的茁壮成长，用鸽子象征和平，用绿色象征生命，如图 4-2 所示。

图 4-1　标志欣赏之表象手法

图 4-2　标志欣赏之象征手法

（3）寓意手法。

采用与标志含义相近似或具有寓意性的形象，以影射、暗示、示意的方式表现标志的内容和特点。比如，我们在包装箱常见到的用伞的形象暗示防潮湿，用玻璃杯的形象暗示易破碎，用箭头形象示意方向等，如图 4-3 所示。

图 4-3　标志欣赏之寓意手法

（4）模拟法。

用特性相近的事物形象模仿或比拟标志对象特征或含义的手法，如图 4-4 所示。

（5）视感手法

采用并无特殊含义的简洁而形态独特的抽象图形、文字或符号，给人一种强烈的现代感、视觉冲击感或舒适感，引起人们注意并难以忘怀，如图 4-5 所示。

图 4-4　标志欣赏之模拟法

图 4-5　标志欣赏之视感手法

4.2 网站标志设计

网站中 logo（标志）起着非常重要的作用。一个制作精良的 logo，不仅可以很好地树立公司形象，还可以传达丰富的产品的特定信息。

4.2.1 "新星科技有限公司"网站标志

"新星科技有限公司"网站标志效果如图 4-6 所示。

图 4-6 "新星科技有限公司"网站标志效果图

4.2.2 操作过程

【步骤 1】按【Ctrl+N】快捷键新建文件，具体参数的设置如图 4-7 所示。

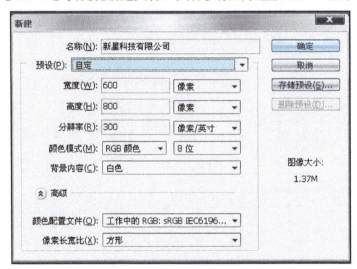

图 4-7 "新建"对话框参数设置

【步骤2】选择【矩形工具】中的【圆角矩形工具】，如图4-8所示。

【步骤3】选择属性栏中的【路径】，如图4-9所示，图层的位置关系如图4-10所示，页面上的新建圆角矩形如图4-11所示。

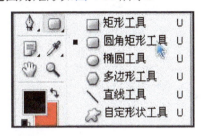

图4-8　选择【圆角矩形工具】

图4-9　选择属性栏中的【路径】

图4-10　图层位置关系

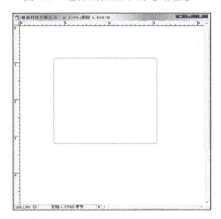

图4-11　新建圆角矩形

【步骤4】按【Ctrl+Enter】组合键将路径转换成选区，如图4-12所示。单击前景色弹出"拾色器"对话框，如图4-13所示。

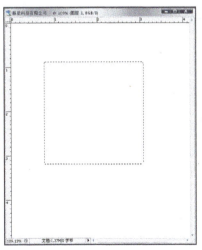

图4-12　将路径转换为选区

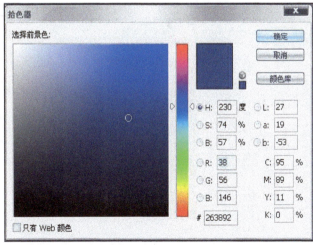

图4-13　"拾色器"对话框

【步骤5】按【Alt+Delete】快捷键填充前景色，如图4-14所示，图层的位置关系如图4-15所示。

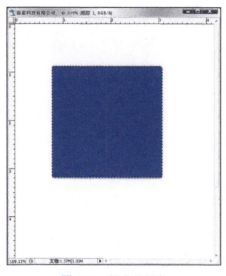
图4-14 填充前景色

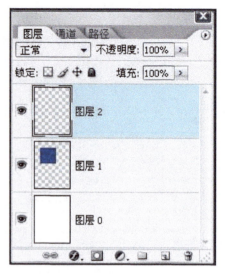
图4-15 图层位置关系

【步骤6】选择【钢笔工具】,如图4-16所示,在【钢笔工具】的属性栏上单击【路径】按钮,如图4-17所示。

图4-16 选择【钢笔工具】　　　　图4-17 在【钢笔工具】属性栏上选择【路径】按钮

【步骤7】在蓝色填充矩形上绘制圆滑的曲线,如图4-18所示。

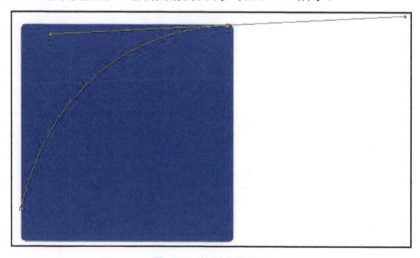

图4-18 绘制曲线路径

【步骤8】绘制曲线时,可以在按【Alt】键的同时拖动鼠标来改变【钢笔工具】的方向,如图4-19所示,最终形成的闭合曲线如图4-20所示。

图 4-19　按【Alt】键改变路径方向　　　　图 4-20　闭合的曲线路径

【步骤 9】按【Ctrl+Enter】快捷键将路径转换成选区，如图 4-21 所示，并将选区填充"白色"，如 4-22 所示。

图 4-21　将路径转换为选区　　　　图 4-22　对选区填充"白色"效果

【步骤 10】新建"图层 3"，图层的位置关系如图 4-23 所示。选择工具箱中的【自定形状工具】，如图 4-24 所示。

【步骤 11】设置【自定形状工具】的属性栏参数，如图 4-25 所示。

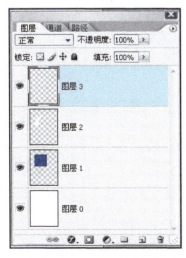

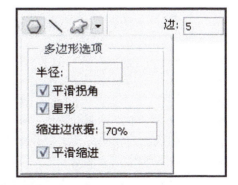

图 4-23　新建"图层 3"　　图 4-24　选择【自定形状工具】　　图 4-25　【自定形状工具】属性栏设置

【步骤 12】在相应的位置绘制星型，如图 4-26 所示，将星型的路径转换成选区，如图 4-27 所示。

图 4-26　绘制星型路径　　　　　　　图 4-27　将星型路径转换为选区

【步骤 13】用"蓝色"填充星型，如图 4-28 所示，添加文字"新星科技有限公司"，字体为"黑体"，字号自定义，输入如图 4-29 所示的其他文字。

图 4-28　用"蓝色"填充星型　　　　　图 4-29　输入其他文字效果

4.3　休闲馆标志设计

4.3.1　"人美健身休闲馆"标志效果图

"人美健身休闲馆"标志效果如图 4-30 所示。

4.3.2　操作过程

【步骤 1】按住【Ctrl】键的同时，双击 Photoshop CS6 工作界面的灰色底板空白处，打开"新建"对话框，具体参数的设置如图 4-31 所示。

【步骤 2】新建"图层 1"，选择【椭圆选框工具】，在新建的画布上绘制椭圆选区，如图 4-32 所示。

图 4-30　"人美健身休闲馆"标志效果图

第四章 标志设计

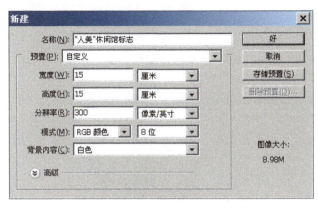

图4-31 "新建"对话框参数设置

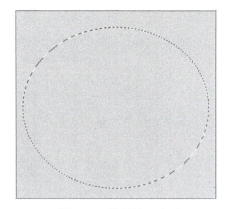

图4-32 绘制椭圆选区

【步骤3】设置前景色为"蓝色","拾色器"对话框如图4-33所示。

【步骤4】在【选框工具】被激活的前提下,按光标移动键移动选区,然后执行"选择"菜单下的"变换选区"命令,如图4-34所示。调整选区大小及位置,如图4-35所示。

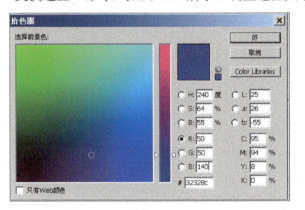

图4-33 "拾色器"对话框

图4-34 "选择"菜单下的"变换选区"命令

【步骤5】按【Delete】键删除选区中的区域,然后按【Ctrl+D】快捷键取消选择,如图4-36所示。

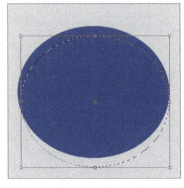

图4-35 调整选区大小及位置

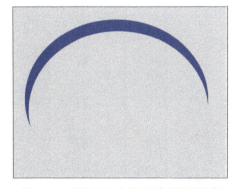

图4-36 删除选区中的区域并取消选择

【步骤6】选择【移动工具】,按住【Alt】键的同时拖动"半环形",进行复制,执行"编辑"菜单下的"水平翻转"和"垂直翻转"命令,效果如图4-37所示。

【步骤7】在"路径"面板中,新建"路径1"。选择【钢笔工具】,在选项条属性栏中选择

081

路径，然后在画布上确定 4 个锚点，绘制如图 4-38 所示的"箭头"闭合路径。

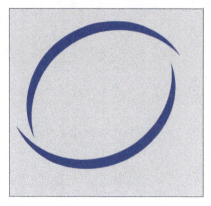

图 4-37　复制"半环形"并翻转效果

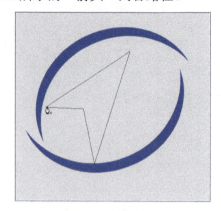

图 4-38　绘制路径 1

【步骤 8】选择【转换点工具】，对路径进行调整，并选择【直接选择工具】调整锚点位置，如图 4-39 所示，路径面板效果如图 4-40 所示。

图 4-39　调整路径 1 后的效果

图 4-40　"路径"面板效果

【步骤 9】将前景色设置为"白色"，新建"图层 2"，单击"路径"面板下方的【填充路径】按钮，将路径在"图层 2"中填充为"白色"，并设置图层样式为"投影"，在"图层"面板上分别将此图层样式复制、粘贴到两个"半环形"图层中，如图 4-41 所示。

【步骤 10】在"路径"面板上新建"路径 2"，再次选择【钢笔工具】，绘制如图 4-42 所示的路径。

图 4-41　将路径 1 图层样式应用于"半环形"图层

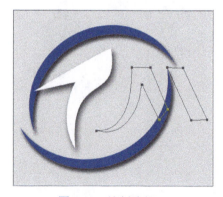

图 4-42　绘制路径 2

【步骤11】用【吸管工具】吸取圆环中的蓝色，新建图层，单击"路径"面板中的【填充路径】按钮，将"M"形路径填充为"蓝色"，如图4-43所示。

【步骤12】输入文字，设置该文字图层的投影效果如图4-44所示。

图4-43　将"路径2"填充为"蓝色"

图4-44　添加投影效果

在利用Photoshop软件设计制作标志时，对于不规则形状的绘制我们一般要用到【钢笔工具】。为调整绘制路径的形状和光滑度，常常配合【转换点工具】【直接选择工具】【路径选择工具】使用。

4.4　优秀作品欣赏

优秀作品欣赏如图4-45～图4-47所示。

图4-45　优秀作品欣赏1

图4-46　优秀作品欣赏2

图4-47　优秀作品欣赏3

一般地，我们绘制标志都要保留"矢量图形"，所以用CorelDRAW和Illustrator软件制作标志的时候比较多。

在Photoshop中绘制标志，常用的方法有路径绘制、路径描边（配合【画笔工具】）选区运算等。

实训题

1. 参照"广东电视台"标志如图 4-48 所示,进行标志制作的技巧练习。

图 4-48　"广东电视台"台标欣赏

要求:
(1)分析标识释义。
(2)分析色彩运用。
(3)选择适当工具制作练习。

提示

1. 分别用到了【椭圆选框工具】【多边形套索工具】【钢笔工具】等。
2. 操作步骤中路径绘制的图示效果如图 4-49 所示。

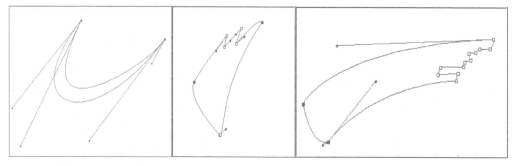

图 4-49　各部分路径绘制效果

2. 设计"蓝星电视台"台标。
(1)运用标志设计的原则和技法设计,标志造型要合理。
(2)写出设计说明(含释义)。
(3)色彩运用合理。

备注:要求完成以上实训题,其中至少有一题要求用 CorelDRAW 软件完成。

包装设计

包装（Packaging）设计，是指选用合适的包装材料，运用巧妙的工艺手段，为商品进行的容器结构造型和包装的美化装饰设计。包装这个概念，我们可以把它拆开来看，即拆分为"包"和"装"，这就涵盖了对商品既有保护的功能，又能对其进行装饰。所以，包装的功能主要是使产品便于销售和保存，以最有效且最出彩的方式包装产品，告诉消费者产品的特点是什么，帮助消费者了解使用产品的方法。

在进行包装设计时，一般会遵循以下的流程。

（1）客户委托：通常会分为从无到有的全新产品包装设计和对原有产品包装的改良设计两种客户需求。

（2）市场调研：调研的目的是要找准包装设计的方向，按照当前的市场、销售区域、消费群体等进行客观准确的市场调研。继而形成调研报告，在报告中要体现消费群体、产品定位（档次）、现存包装的特点（同类商品包装的特点）、调研结果（改进措施、冲破口）等。

（3）形成设计方案：通过市场调研，确定包装物质的实用功能与社会功能要求，结合具体的产品包装考虑工艺技术条件、包装成本等要素。在这个过程中，有时会包括草图绘制、色稿等内容。

（4）客户确定方案：将设计方案与客户沟通，对方案进行修改、敲定。

（5）设计方案实施：通过电脑制图、打样、印刷、成品等工艺流程，完成包装设计的制作。

本章简介

本章主要讲解的是月饼包装的设计与制作，介绍的是设计方案实施阶段的内容，分为包装的刀版图、平面展开图、立体图的制作几个部分。结合实际案例，讲解如何利用 CorelDRAW 软件完成相关包装设计的制作方法和技巧。

本章重点

◇ 掌握包装设计的功能和设计流程。
◇ 掌握纸质包装的设计要点。
◇ 掌握刀版图的绘制方法。
◇ 掌握线条的编辑方法。
◇ 掌握图层混合模式的使用。
◇ 掌握图层蒙版的使用技巧。

学习目标

掌握包装设计方法和制作技巧,能够独立完成产品的包装设计刀版图、平面展开图和立体图的设计与制作。

5.1 纸质包装

常见的包装材质分为纸质、塑料、玻璃、金属等,其中纸质包装使用最为广泛。纸质(纸盒)包装,是指通过对纸的切、割、折、插、粘等工艺,使其成为具有三维立体感的商品包装盒,如图 5-1 所示。依据包装物质和功能的不同,纸质包装又分为纸浆、瓦楞纸、卡纸、铜版纸、带有金属或塑料涂层的纸等形式。

图 5-1 纸质包装

5.1.1 纸质包装的优势

纸质包装材料和其他包装材料相比,具有很多优势,主要有以下几方面。
(1)纸质包装的纸质材料容易形成大批量的生产,原料充沛,价格低廉。
(2)纸容器便于机械化生产或手工生产,折叠性能优异。

（3）用纸板做成的包装容器，具有一定的弹性，而且瓦楞纸板做成的纸箱，其弹性明显优于塑料制品和其他包装材料做成的容器。

（4）纸制品能根据不同的商品设计成各式各样的箱型，既能设计出符合有透气要求的商品，又能设计出完全封闭的容器，并具有卫生无毒、无污染的特点。

（5）纸和纸板由纤维交织而成，能吸收油墨和涂料，具有良好的印刷性能。字迹和图案清晰牢固。

（6）纸容器可以回收利用，没有废弃物，不会产生环境污染。

5.1.2 纸质包装的结构

纸盒最常用的分类方法是按照纸盒的加工方式来分的，一般分为粘贴纸盒和折叠纸盒。

粘贴纸盒是用贴面材料将其基材纸板黏合裱贴而成的，成型后不能再折叠成平板状，只能以固定盒型运输和仓储。与折叠纸盒相比，粘贴纸盒的劳动强度大、生产成本较高、运输和仓储费用也较高，而且生产速度较低，因此，其发展速度和前景远不如折叠纸盒。不过粘贴纸盒也有一些优点，包括：材料选择范围广、防戳穿强度好、堆码强度高、展示功能强等特点。

折叠纸盒是应用最为广泛，结构变化最多的一种销售包装，一般又分为管式折叠纸盒、盘式折叠纸盒、管盘式折叠纸盒、非管盘式折叠纸盒等。粘贴纸盒与折叠纸盒一样，按成型方式可分为管式、盘式和非管非盘式3大类，每一大类纸盒类型中又可以根据局部结构的不同，细分出很多小类，并且可以增加一些功能性结构，比如结合、开窗、增加提手等。

5.1.3 纸质包装的设计原则

包装纸盒的造型设计，要从以下方面考虑。

（1）实用性原则：由于包装本身的功能性，包装纸盒设计时必须考虑其内容物的性质、形态、重量、尺寸等因素，以达到包装收纳和保护的作用。

（2）经济性原则：要考虑厂家对产品的成本核算，做到花最少的钱达到最好的效果。

（3）审美性原则：具有时代的审美特点和大众的审美需求。

5.1.4 纸质包装的设计要点

1. 考虑纸的厚度

在设计制作纸质包装时，必须要考虑纸张的厚度。如图 5-2 所示的摇盖咬合关系中，A 与 B 的长度应该将纸张厚度考虑进去，应该使用"A＝B＋纸张厚度"的关系式，如果 A 与 B 的长度相同，纸盒会盖不严。

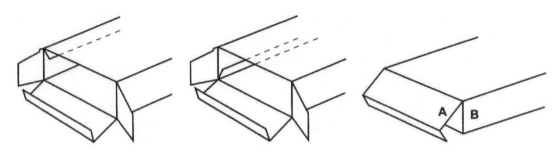

图 5-2　考虑纸张厚度

2．注意摇盖的咬合关系

为了防止盒盖会自动弹起来，所以要考虑到摇盖的咬合，通过咬舌处局部的切割，并在舌口根部作相应的配合来达到要求，如图 5-3 所示。

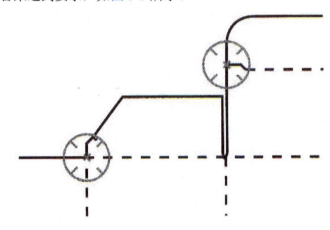

图 5-3　摇盖咬合关系

3．摇盖插舌的切割形状

在制作插舌的形状时，如图 5-4 所示的图形中，左侧的形状是不可取的，一般会采用右侧的形状，因为带有圆角弧度的插舌会减小摩擦阻力，方便使用。

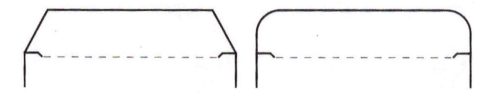

图 5-4　插舌的形状

5.2　刀版图的设计与制作

刀版也称为刀模，是将钢片插在木板上，也就是出成品后在成品上压痕或是打孔切边的切刀机器上的一个模具。制造香烟盒、拼图、各种纸盒或制造信封，都要用它切开纸板，对纸板压痕，用压力机操作。

刀版图也称为刀版线，在平面软件中先画好刀模线，在成品外加出血后勾画，就可以让工人明白应该怎么切，如图 5-5 所示为包装刀版图示例。

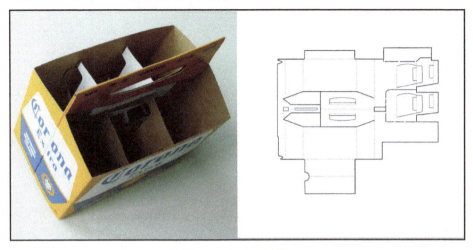

图 5-5　包装刀版图

在刀版图中会用直线、虚线等形式的线条来表示对包装用纸的操作，常见的有裁切线、内折压痕线等，如图 5-6 所示。

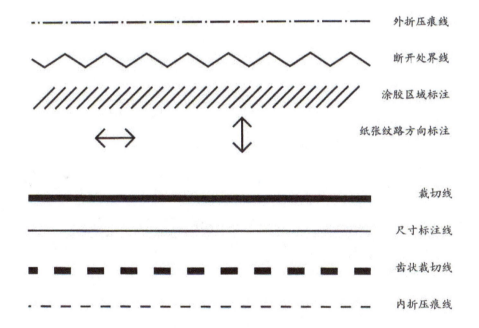

图 5-6　刀版线条的绘制

在制作纸质包装的平面展开图前，通常要先绘制刀版图。一般会使用 Photoshop 软件和 CorelDRAW/Illustrator 软件来制作。本例中，我们使用 CorelDRAW 软件来学习刀版图的制作，效果如图 5-7 所示。

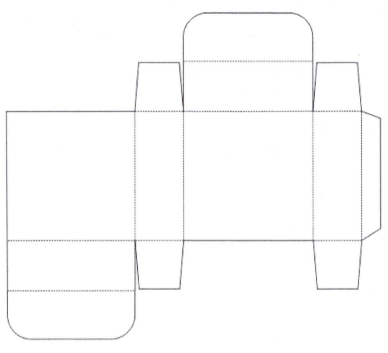

图 5-7　刀版图效果

【步骤 1】按【Ctrl+N】快捷键新建文件，具体参数的设置如图 5-8 所示。

图 5-8　新建文件参数设置

【步骤 2】选择【矩形工具】绘制"80mm×80mm"的正方形，再绘制"30mm×80mm"的矩形。通过节点坐标定位的方式，将正方形的右下角与矩形的左下角坐标重合，将两个图形连接到一起，如图 5-9 所示。

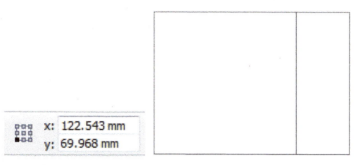

图 5-9　连接图形

【步骤 3】依此方法，对如图 5-9 所示的图形向右复制，将 4 个图形连接到一起，作为月饼包装的主立面、背立面和侧立面。

图 5-10　复制图形并连接 4 个图形

【步骤 4】选择最左侧的矩形，转换为曲线，使用【形状工具】单击图形交汇处的节点，单击如图 5-11 所示的【断开曲线】按钮，将交汇处的直线与原图形分开。

图 5-11　【断开曲线】按钮

【步骤 5】将断开的直线变为虚线，将与其交汇的矩形断开曲线后，将交汇处的直线删除。如图 5-12 所示。

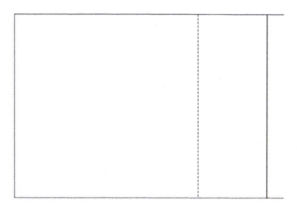

图 5-12　制作虚线并删除交汇处的直线

【步骤6】利用此方法，将如图5-13所示的直线都转换为虚线，用来表示向内压痕。

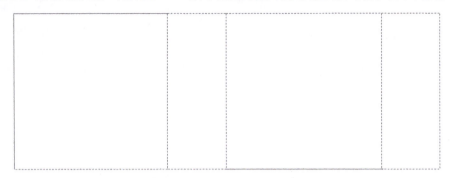

图5-13　将直线转换为虚线

【步骤7】绘制"80mm×31mm"的矩形，放置在如图5-14所示的位置。对交汇处的线条进行处理。

图5-14　绘制矩形

【步骤 8】再绘制一个"80mm×30mm"的矩形，将矩形左上角和右上角的圆角值设置为15mm，再依照上面的步骤将交汇处的直线进行处理，效果如图5-15所示。

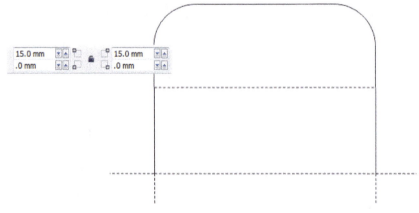

图5-15　处理圆角效果

【步骤9】将步骤8中制作的形状进行复制,镜像翻转后,放到如图5-16所示的位置。

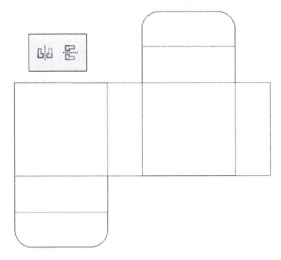

图 5-16　复制形状并镜像

【步骤10】使用【矩形工具】绘制一个"30mm×30mm"的正方形,转换为曲线后,将正方形上方两个角点向内收缩2mm,形成如图5-17所示的梯形。

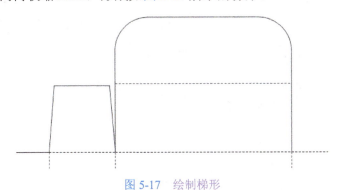

图 5-17　绘制梯形

【步骤11】依照以上方法分别绘制和复制形成如图5-18所示的形状,完成刀版图的制作。

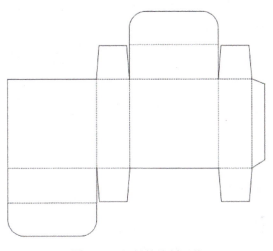

图 5-18　复制并绘制形状

5.3 平面展开图的设计与制作

在刀版图的基础上,可以制作包装的平面展开图了。对于图像的处理,最适合的软件就是Photoshop。所以,我们往往在矢量软件中完成刀版图后,将刀版图导出成 BMP 或 JPEG 格式,然后在 Photoshop 软件中完成平面展开图的制作。

本例中制作的是月饼的包装。月饼是中秋节的必备之物,是团圆的象征。所以在包装设计中我们想要展现出祥和、温暖的氛围,包装的颜色以暖色调为主,图案以古典花纹为主。

【步骤 1】在 Photoshop 软件中,打开"刀版图.bmp"文件,将"背景"图层复制后,把图层混合模式设置为"正片叠底",如图 5-19 所示。

【步骤 2】使用【魔棒工具】选择刀版图的中间区域,在"背景副本"图层下方新建图层,填充颜色为"R:206,G:24,B:24",作为包装的底色,如图 5-20 所示。

图 5-19　复制图层并设置图层混合模式

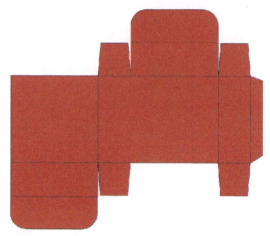

图 5-20　填充底色

【步骤 3】打开素材文件"底纹.jpg",并复制到文件中,按照如图 5-21 所示的大小进行裁切。在底纹图案下方新建图层,选中底纹图层的选区,填充"白色"到"黄色"的渐变。将底纹图层的混合模式设置为"叠加",可根据效果适当调整渐变图层的透明度达到最佳效果。

图 5-21　制作底纹效果

【步骤 4】打开素材文件"祥云.png"和"福字.png",并复制到文件中,调整大小后放置在底纹中心的位置。在底纹图层下方再绘制一个矩形,宽度与祥云图案相同,填充"红色",如图 5-22 所示。

【步骤 5】利用【钢笔工具】【文字工具】,制作月饼的标志,如图 5-23 所示。

图 5-22　图案装饰效果　　　　　　　　图 5-23　月饼标志

【步骤 6】复制底纹效果到左侧,并在如图 5-24 所示的位置处绘制矩形。

图 5-24　复制底纹效果并绘制矩形

【步骤 7】添加文字信息,打开素材文件"生产许可.bmp"和"环保标识.bmp",复制到文件中放置到如图 5-25 所示的位置。

图 5-25　添加文字和图片

【步骤8】在插舌处添加矩形和月饼的标志,完成平面展开图的制作,如图 5-26 所示。

图 5-26　平面展开图效果

5.4 立体图的设计与制作

做完平面展开图，当我们与客户交流、修改时，通常也会提供包装的立体图样。这样会让客户能够清楚地看到包装的成品效果，对包装的整体设计有把握。制作立体图，可以从平面展开图中选取相应的立面来做进一步修改。

【步骤1】按【Ctrl+N】快捷键，新建文件，具体参数的设置如图5-27所示。

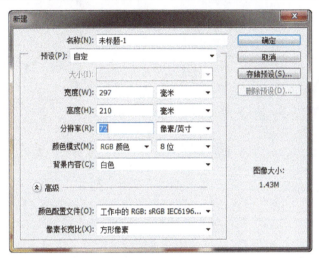

图5-27 新建文件参数设置

【步骤2】打开"平面展开图.jpg"文件，从中分别选取如图5-28所示的两个部分，复制到新建文件中。

图5-28 复制图片至新建文件中

【步骤3】使用【矩形选框工具】选中侧面图形，剪切到新图层中，图层排列顺序如图5-29所示。

【步骤 4】选中侧面和顶面的矩形，分别做斜切、缩放等变换操作，形成立体盒的形状。如图 5-30 所示。

图 5-29　图层排列顺序

图 5-30　制作立体效果

【步骤 5】打开素材文件"底纹.jpg"，通过图层蒙版，将其调整为与背景同样大小的图形。并在这个图层下方填充"黄色"到"黑色"的径向渐变，将底纹图层的混合模式设置为"正片叠底"，效果如图 5-31 所示。

图 5-31　添加底纹效果

【步骤 6】将月饼盒的主立面和侧面分别复制，并做垂直翻转后，添加图层蒙版和图层不透明度来制作月饼盒的倒影，如图 5-32 所示。

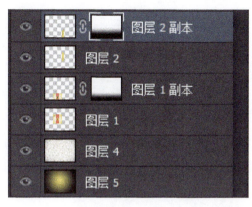

图 5-32　添加倒影效果

【步骤 7】使用【多边形套索工具】，在如图 5-33 所示的位置绘制选区，来制作投影部分。

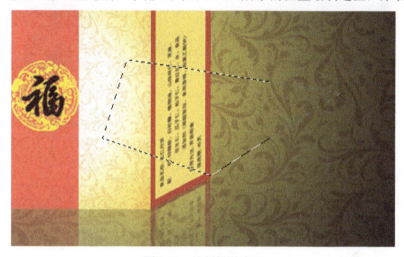

图 5-33　绘制投影选区

【步骤 8】将这个选区羽化 15 像素，在月饼盒下方新建图层填充"深灰色"，投影效果如图 5-34 所示。

图 5-34　投影效果

【步骤 9】接下来，我们调整侧面和顶面的曲线，增强盒子的立体感，完成立体图最终效果的制作，如图 5-35 所示。

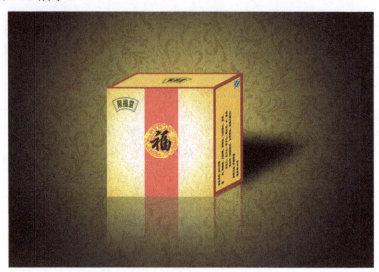

图 5-35　立体图最终效果

第六章

公共活动和宣传

公共活动和宣传，也称为公共宣传（Publicity Propaganda），是指利用第三方（多为新闻媒体、策划公司）将与企业活动有关的积极信息传递给受众，以达到宣传企业活动、塑造提升企业正面形象的目的。在进行公共活动宣传策划时，首先要确定公共活动宣传的目标，明确公共活动宣传的内容，设计最适合的宣传方式和手段，以达到增加销售、提高企业和产品知名度的目的。

公共活动宣传有很多表现形式，一般能在露天或公共场合通过广告向消费者推销商品的公共活动宣传形式称为户外广告，包括平面和立体两大类。其中平面的户外广告有路牌广告、壁墙广告、海报、条幅等。立体的户外广告有霓虹灯、广告柱以及灯箱广告等。

本章简介

本章主要讲解的是公共活动宣传海报的设计与制作，这种宣传海报一般会包括背景制作、内容编排、效果设计几个部分，以恒爱大药房"感恩特惠、超值换购"海报为例，讲解如何利用 CorelDRAW 软件完成相关主题海报背景的设计、内容的编排以及效果的设计方法和制作技巧。

本章重点

◇ 掌握公共活动宣传海报的设计理念。
◇ 掌握活动宣传海报内容编排规则。
◇ 掌握利用交互式变形工具绘制图形的方法。
◇ 掌握艺术笔工具的使用技巧。
◇ 掌握外挂字体的加载与应用。
◇ 掌握基本图形的绘制与编辑。

> **学习目标**

掌握公共活动宣传海报的设计方法和制作技巧,能够独立完成企业或产品的公共活动宣传海报的设计制作。

6.1 背景设计与制作

宣传海报是一种非常普遍的广告表现形式,可以使用最少的信息来获得良好的宣传效果。海报的表现形式多种多样,限制较少,强调创意及视觉语言,注重平面构成及颜色构成。但也正是因为海报设计的表现形式过于广阔,反而使初学者觉得无从入手,无所适从。简单来说,宣传海报的设计必须符合海报的主题,依据宣传目标设计海报的颜色和构图。

6.1.1 背景的设计

本章介绍一则"恒爱大药房"月底促销的活动宣传海报,它的目的主要有两个:一是吸引消费者注意力,二是介绍促销产品和促销活动内容。所以这样的海报风格,我们定位为热烈、醒目、有感染力,在颜色选取上以暖色调为主。在暖色调中,红色可以引发受众兴奋、激动的感觉,黄色则是最能发光的色彩,光明而神秘。如果将海报底色定义为红色,配以黄色线条和文字,就会出现一种欣喜欢快的气氛,比较适合作为促销活动宣传的海报主打色。如图 6-1 所示的是一则活动宣传的海报,可以从中感受颜色对于活动气氛渲染的重要性。

图 6-1 活动宣传海报

6.1.2 背景的制作

在"恒爱大药房"月底促销的宣传海报中,使用的软件是 CorelDRAW,背景的设计采用

"红色",线条颜色以"黄色"为主,如图6-2所示。

【步骤1】按【Ctrl+N】快捷键新建文件,具体参数的设置如图6-3所示。

 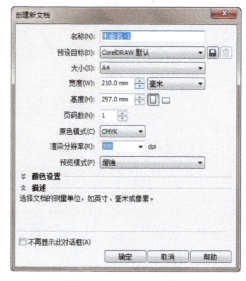

图6-2 背景效果　　　　　　　　　　图6-3 新建文件参数设置

【步骤2】双击【矩形工具】,绘制一个与当前文档大小相同的矩形。取消轮廓色,设置填充颜色为"R:236,G:22,B:33(#EC1B21)",如图6-4所示。

【步骤3】绘制一个"195mm×275mm"的矩形,轮廓色设置为"纯黄色",右击,在弹出的快捷菜单中选择"对象属性"选项,在右侧出现的"样式"对话框中,设置线条样式为虚线,具体参数的设置如图6-5所示,效果如图6-6所示。

 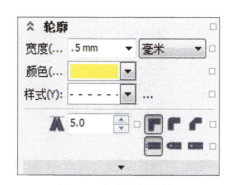

图6-4 绘制矩形并填充颜色　　　　　图6-5 虚线参数设置

【步骤4】选择【手绘】工具,绘制几条直线,轮廓色也设置为"纯黄色",虚线参数设置与步骤3相同,绘制效果如图6-7所示。

图 6-6　虚线效果　　　　图 6-7　绘制直线效果

6.2　内容的编排

背景制作完成后，就要开始编辑活动宣传海报的内容了。一般这类的海报会由人物（代言明星等）、宣传产品或活动主题、口号及详情（地点、时间等）组成。当然根据内容编排的需要，也会对这些组成部分进行取舍。

在本章所介绍的恒爱大药房月底促销活动海报中，我们将人物、产品、活动内容、详情都包含在海报当中，使受众即能感受到整体视觉冲击力，又能清晰了解促销活动内容，促进药品、产品的销售。

6.2.1　内容的编排

当我们观看一幅平面作品时，有一种习惯性的观看顺序，一般会从作品的上部开始，查看整幅作品后，目光停留在作品中间区域或作品中较亮的部分。所以我们在做海报设计的时候，最好也遵循这样的规律。

在设计活动宣传海报时，先将需要宣传的内容归纳整理，将较为主要的宣传内容定位在上部或中间区域，在颜色的选取上也要与次要宣传的内容有所区别，做到主次分明，达到活动宣传的目的。活动宣传海报如图 6-8 所示。

图 6-8　活动宣传海报

6.2.2 内容的制作

在"恒爱大药房"月底促销的宣传海报内容方面,我们将促销活动主要分为两个部分:换购活动和优惠活动。

1. 换购活动部分的制作

【步骤 1】选择【椭圆形工具】,绘制正圆。执行【交互式变形工具】中的【推拉变形】,制作轻微波动效果。参数和效果如图 6-9 所示。

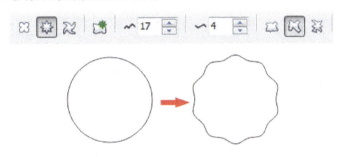

图 6-9　【推拉变形】参数设置和效果

【步骤 2】选择【渐变填充工具】,对图形填充线性渐变。并选择【文字工具】,输入如图 6-10 所示的文字(建议字体:微软雅黑,21pt)。

【步骤 3】选择【钢笔工具】,绘制如图 6-11 所示的路径形状。利用【渐变填充】工具,设置填充颜色为线性填充。对渐变填充的角度等进行调整时,可以选择【交互式填充】工具,比较直观。

　　　　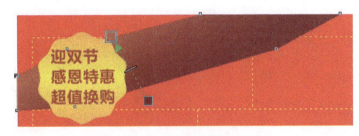

图 6-10　添加渐变和文字　　　　图 6-11　绘制路径形状并填充渐变

【步骤 4】再使用【钢笔工具】绘制两条曲线,轮廓色设置为"R:255、G:245、B:130",轮廓宽度为 0.75mm。输入文字后效果如图 6-12 所示。

图 6-12　添加线条和文字效果

【步骤5】导入素材文件"体温计.png"图片,放置到如图6-13所示的位置,并输入文字,调整文字的字号和颜色。

图6-13 导入"体温计"图片并输入文字

【步骤6】依此方法,分别导入素材文件"阿胶枣.png"和"原蜜.png",摆放到相应的位置,并添加文字效果,如图6-14所示。

图6-14 导入图片并输入文字效果

2. 优惠活动部分的制作

【步骤1】选择【矩形工具】,绘制"194mm×86mm"的矩形,填充"绿色"到"白色"的渐变,如图6-15所示。

图6-15 绘制矩形并填充渐变

【步骤 2】再选择【矩形工具】，将圆角值设置为 3mm，绘制如图 6-16 所示的圆角矩形，并添加文字效果。

图 6-16　绘制圆角矩形并添加文字

【步骤 3】输入活动说明文字，颜色分别为"橙色"和"绿色"，可参考如图 6-17 所示的效果。

图 6-17　文字效果

【步骤 4】导入素材文件"人物.png"和"施罗德.png"图片，调整大小后，放到如图 6-18 所示的位置。

图 6-18　导入图片

【步骤 5】将素材中的两个字体文件复制到"C:\Windows\Fonts"文件夹中加载字体，按照如图 6-19 所示效果，输入文字。

图 6-19 加载字体输入文字

【步骤 6】选择【钢笔工具】绘制路径，再选择【艺术笔工具】中带有粗细变换的笔刷效果对路径进行描边，完成如图 6-20 所示的细节效果处理。

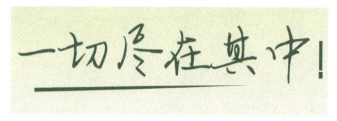

图 6-20 笔刷效果

【步骤 7】选择【矩形工具】，绘制"194mm×55mm"的矩形，填充色为"纯白色"，如图 6-21 所示。

图 6-21 绘制矩形并填充颜色

【步骤8】选择【矩形工具】，绘制如图 6-22 所示的矩形，圆角值设置为1mm，填充从"R：204，G：153，B：51"到"R：255，G：102，B：51"的渐变色，并输入文字。

型号：2006-2 爱奥乐臂式语音压血计

图 6-22　绘制圆角矩形并输入文字

【步骤9】导入素材文件"压血仪.png"，调整大小后输入文字，如图 6-23 所示。

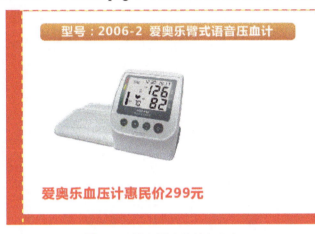

图 6-23　导入图片并输入文字

【步骤10】选择【矩形工具】，绘制圆角值为 1.5mm 的矩形，转换为曲线后，利用【形状工具】添加节点，调整形状后，将填充色设置为"R：238，G：121，B：54"，并输入文字如图 6-24 所示。

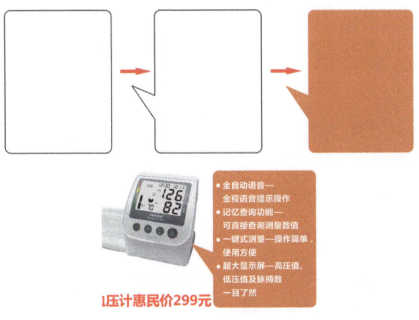

图 6-24　绘制图形并添加文字

【步骤11】选择【椭圆形工具】，利用【交互式变形工具】，绘制如图 6-25 所示的形状。将

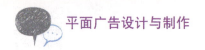

绘制的图形复制缩小，利用【交互式调和工具】制作如图 6-25 所示的效果。

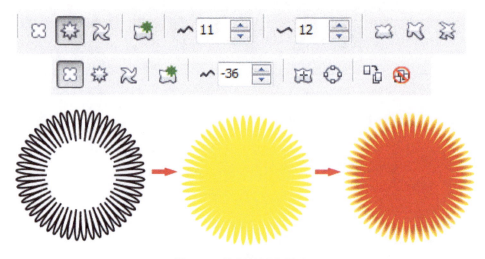

图 6-25　绘制并调整图形

【步骤 12】选择【文字工具】，输入文字"299 元"，使用【交互式阴影工具】，为文字添加"平面右下"的阴影效果，如图 6-26 所示。

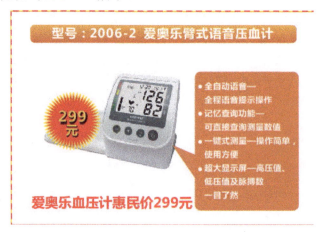

图 6-26　输入文字并添加阴影效果

【步骤 13】按照步骤 8～12 的方法，导入素材文件"血糖仪.png"和"按摩仪.png"，完成如图 6-27 所示的效果。

图 6-27　制作效果

【步骤14】利用【矩形工具】绘制矩形,填充色为"R:194,G:29,B:46",利用【矩形工具】再绘制一个稍小的矩形,填充色为"R:96,G:10,B:13",如图6-28所示。

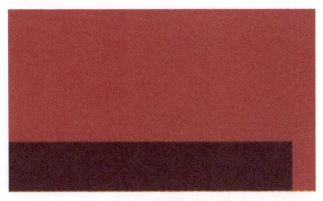

图6-28　绘制矩形

【步骤15】使用【椭圆形工具】和【文字工具】,对该图形部分进行修饰,如图6-29所示。

图6-29　制作文字和图形效果

【步骤16】依次导入素材文件"大药房.bmp""降压手腕.png""足浴盆.png"和"血压仪.png",调整大小并放置到如图6-30所示的位置。

图6-30　导入图片并调整大小、位置

【步骤 17】选择【矩形工具】,在海报中间位置绘制一个矩形,填充色为"R:175,G:39,B:43",并输入文字,如图 6-31 所示。

图 6-31　绘制矩形并输入文字

【步骤 18】选择【文字工具】,添加公司地址、电话等详细信息,如图 6-32 所示。

图 6-32　输入文字信息

【步骤 19】将海报所有版块重新调整,以达到最好的视觉效果,如图 6-33 所示。

图 6-33　海报最终效果

第七章

造 型 设 计

　　产品造型设计是工业设计的核心，是企业运用设计的关键环节。它实现了将原料的形态改变为更有价值的形态。设计师通过对人们的生理、心理、生活习惯等一切关于人的自然属性和社会属性的认知，进行产品的功能、性能、形式、价格、使用环境的定位，结合材料、技术、结构、工艺、形态、色彩、表面处理、装饰、成本等因素，从社会的、经济的、技术的角度进行创意设计，在企业生产管理中保证设计质量实现的前提下，使产品既是企业的产品、市场中的商品，又是老百姓的用品，达到顾客需求和企业效益的完美统一。

本章简介

　　本章主要讲解的是造型设计的程序、原则和特征，通过产品造型的分析、设计与制作，以鼠标设计为例，讲解如何利用 CorelDRAW 软件完成鼠标的设计，通过造型的分析达到能够独立完成产品造型的设计、技巧及制作流程、方法等。

本章重点

◇ 掌握新产品造型设计的理念；
◇ 掌握造型设计的原则；
◇ 掌握利用交互式变形工具绘制图形的方法；
◇ 掌握钢笔工具的使用技巧；
◇ 掌握基本图形的绘制与编辑。

> 学习目标

本章主要了解并掌握造型设计的程序、原则和特征，通过产品造型的分析达到能够独立完成产品造型的设计、技巧及制作流程、方法等。

7.1 认识产品设计

7.1.1 产品设计的程序

产品设计程序是指一个具体的设计从开始到结束的全部过程，以及它所包含的各个阶段的工作步骤。要设计出一个成功的产品，就一定要按照科学的、合理的程序进行设计，只有遵循程序才能深入地展开设计思维，从而达到预想的设计目标。

产品设计所涉及的内容和范围很广，其设计的复杂性各不相同，因此，其设计程序也会有所差异。但是无论是什么产品，其设计的目标是"以人为本，为人服务"，所以设计的大方向和原则是不会有大的偏差的。在设计过程中虽受到生活观念、社会文化、科学技术、市场经济等一些共同因素的影响，但基本的设计过程必有其同一性。产品设计流程如图 7-1 所示。

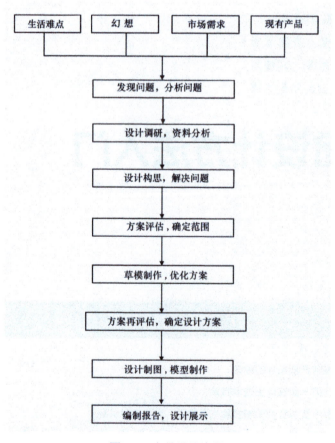

图 7-1 产品设计流程

7.1.2 产品设计的原则

产品设计的原则如下。

① 产品创新。既不重复大家熟悉的形式,但也不会为了新奇而刻意出新。

② 创造有价值的产品。设计的第一要务是让产品尽可能地实用。不论是产品的主要功能和辅助功能,都有一个特定及明确的用途。

③ 具有美学价值。产品的美感以及它营造的魅力体验是产品实用性不可分割的一部分。

④ 产品功能简单明了、一目了然。优秀的设计作品能让产品不言自明、一望而知。

⑤ 产品设计不是触目、突兀和炫耀的。产品不是装饰物,也不是艺术品。产品的设计应该是自然的、内敛的,为使用者提供自我表达的空间。

⑥ 优秀的设计是历久弥新的。设计不需要稍纵即逝的时髦。在人们习惯于喜新厌旧和抛弃的今天,优秀的设计要能在众多产品中脱颖而出,让人珍视。

⑦ 设计贯穿每个细节,决不心存侥幸、留下任何漏洞。设计过程中的精益求精体现了对使用者的尊重。

⑧ 兼顾环保,致力于维持稳定的环境,合理利用原材料。但是设计不应仅仅局限于防止对环境的污染和破坏,也应注意不让人们的视觉产生任何不协调的感觉。

⑨ 出色的设计越简单越好,但是简单不等于空无一物的设计,也不等于产品看起来纷乱无章,而是专注于产品的关键部分的设计。简单而纯粹的设计才是最优秀的。

7.1.3 产品设计的特征

(1) 发扬创新意识

产品设计的核心是创新,这是毫无疑问的。设计创新始于设计师的创造性设计思维。设计师在设计过程中应该突破固有的思维模式,从思维方法上养成创新的习惯,大胆打破前人的框框,以全新的概念从整体出发,多方位、多元化、纵横交叉地去思考、去创造,并将其贯彻到设计实践中。在寻求问题的最佳解决方案时,要有一种坚韧的独创精神和丰富的想象力,这一点必须在不断地学习积累中积极探索,才能使设计师真正具有构想的灵感和创新的能力,使其设计永远具有生命力。对初学者而言,创新意识与能力应该是学习训练的最主要的目标之一。

(2) 设计思维的双重性

现代设计的环境复杂化了,应考虑的问题和涉及的因素越来越多,思维方式的双重性在设计中体现得越来越明显。产品设计过程可以简单概括为:设计调研分析——构思设计——设计分析评价——再构思设计、再评价、再设计……在循环发展的设计过程中,设计师在每一个"分析"阶段所运用的主要是分析概括、总结归纳、评价选择逻辑思维的方式,以此确立设计与选择的基础依据;而在各"构思设计"阶段,设计师主要运用的则是形象思维,即借助于个人丰富的想象力和创造力把逻辑分析的结果发挥表达成为具体的形态。因此,产品设计的学习训练必须兼顾逻辑思维和形象思维两个方面,不可偏废。设计中如果弱化逻辑思维,设计将缺少存在的合理性与可行性;反之,如果忽视了形象思维,设计则丧失了创作的灵魂。

（3）过程性

产品设计需要一个相当的过程，需要科学、全面地分析调研，深入大胆地思考想象，需要在广泛论证的基础上优化选择方案，要不断地推敲、修改、发展和完善。整个过程中的每一步都是互为因果，不可缺少的。只有如此，才能保障设计方案的科学性、合理性与可行性。

（4）社会性

产品是人造物质世界的重要要素，产品是当时社会科技、文化、经济的结晶体，产品反映当时的社会风貌。产品设计的社会性表现为：创造社会物质文明，满足消费者需求；通过产品设计构造和谐、完美的产品，促进人与人、人与自然、人与社会的良好关系；促进环境保护，减少能源消耗，促进地球与人类共生、共存的良性循环；提高社会效率，促进社会生产力的发展，改善人的生存方式和工作质量。

7.2 设计任务描述

通过以上知识的讲解，此案例利用 CorelDRAW X6 软件设计制作 IT 产品"鼠标"，最终效果如图 7-2 所示。

图 7-2 鼠标效果图

7.2.1 鼠标外形的绘制

【步骤1】打开 CorelDRAW X6 软件，执行菜单栏中的【文件】/【新建】命令，新建一个空白文件，设定纸张大小，如图 7-3 所示。

图 7-3 设定纸张大小

鼠标的外轮廓是左右完全对称的，所以我们先绘制一条垂直线作为中轴线，再将绘制好的一侧轮廓线对称复制出另外一侧的轮廓线。

【步骤2】单击工具箱中"手绘"工具，配合【Ctrl】键，绘出一条垂直线（长度不限）。

【步骤3】按【Alt+Z】组合键打开贴齐对象命令，单击工具箱中的"贝塞尔"工具，贴近垂直线上方（自动捕捉）单击，定位起点，将鼠标移动到下一个定位点的位置，再次单击或者按住左键拖动，定位第二个节点，以此类推，直到垂直线下方（自动捕捉）单击，绘制鼠标左侧大致的外轮廓，效果如图 7-4 所示。

图 7-4　鼠标左侧大致的外轮廓

【步骤4】单击工具箱中"形状工具"，选中欲修改的节点，在属性栏中，单击按钮、或可将节点的属性更改成【尖突节点】、【平滑节点】或【对称节点】；单击按钮或可将线质【转换曲线为直线】或【转换直线为曲线】，拖动节点两侧的调节柄可以调节曲线的曲度。鼠标左侧的外轮廓调节效果如图 7-5 所示。

【步骤5】执行菜单栏中的【窗口】/【泊坞窗】/【变换】/【比例】命令（快捷键【Alt+F9】），单击【水平镜像】按钮，具体设置如图 7-6 所示，单击 应用到再制 ，水平镜像复制出右侧的轮廓，效果如图 7-7 所示。

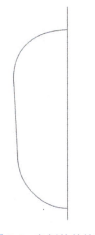
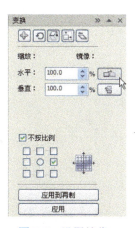
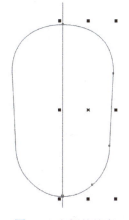

图 7-5　左侧的外轮廓　　　　图 7-6　设置镜像　　　　图 7-7　右侧的轮廓

【步骤6】切换到工具箱中"挑选"工具，单击垂直线，按【Del】键，将垂直线删除。

【步骤7】框选鼠标的左右两部分轮廓，单击属性栏中的【焊接】按钮，将两个对象焊接为一个对象，效果如图 7-8 所示。

图 7-8　焊接为一个对象

【步骤8】单击工具箱中的"形状"工具 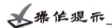，框选轮廓顶部的节点，如图 7-9 所示。在属性栏中，单击【连接两个节点】按钮，将焊接后的对象此处节点闭合。同样的方法检验轮廓底部的节点，如图 7-10 所示。此时鼠标轮廓尺寸如图 7-11 所示。

操作提示

制作本案例的时候没有严格限定具体尺寸，是根据鼠标的比例来制作的，所以标出的尺寸小数点后有数值，不是整数。大家练习的时候可以参考本案例中给出的尺寸，熟练了用法后，再制作的时候根据自己的审美标准选定尺寸，注意比例要准确、和谐、美观。

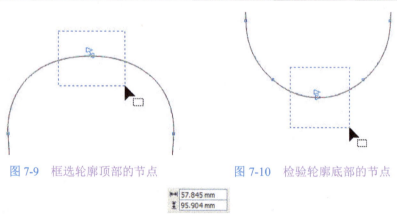

图 7-9　框选轮廓顶部的节点　　图 7-10　检验轮廓底部的节点

图 7-11　轮廓尺寸

下面我们绘制鼠标的滚轮部分。

【步骤9】单击工具箱中"矩形"工具，绘制一个矩形。在属性栏中，设置【对象大小】如图 7-12 所示，填充黑色 CMYK：0、0、0、100，轮廓色设置为"无"。

图 7-12　设置【对象大小】

【步骤10】切换到工具箱"挑选"工具，按住【Shift】键，加选鼠标轮廓，单击属性栏上【对齐与分布】按钮，具体参数的设置如图 7-13 所示，然后单击 应用 、 关闭 按钮，对齐后的效果如图 7-14 所示。

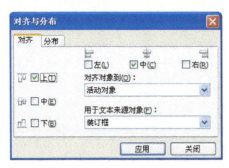

图 7-13 设置分布与对齐

图 7-14 对齐后的效果

【步骤 11】单击工具箱中的"椭圆形"工具 ◯，绘制一个椭圆。为了区分后面步骤中的几个椭圆，我们命名此椭圆为"椭圆 1"。在属性栏中，设置【对象大小】如图 7-15 所示。

图 7-15 设置【对象大小】

【步骤 12】按【Alt+Z】组合键打开贴齐对象命令，将鼠标指针放于椭圆 1 顶正中的节点上，按住左键拖动到黑色矩形中心上（自动捕捉），释放鼠标，位置如图 7-16 所示。

【步骤 13】此时椭圆 1 位置偏下，将鼠标指针放于椭圆 1 上边正中的节点上，配合【Ctrl】键，向上拖动一段距离，位置如图 7-17 所示。

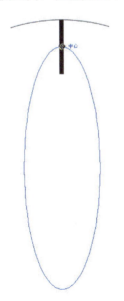

图 7-16 贴齐对象

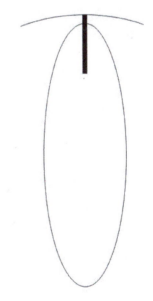

图 7-17 向上拖动一段距离

【步骤 14】单击属性栏中的【转换为曲线】按钮 ◯（快捷键【Ctrl+Q】），将椭圆 1 转换为曲线。用工具箱中的"形状"工具 ◣，选择椭圆 1 底部的节点，将节点两侧的调节柄水平向外拖动一段距离，使椭圆 1 下部宽一些，效果如图 7-18 所示。

【步骤 15】单击工具箱中的"椭圆形"工具 ◯，再次绘制一个椭圆，命名为"椭圆 2"。在属性栏中，设置对象大小，如图 7-19 所示。

【步骤 16】切换到工具箱"挑选"工具 ，按住【Shift】键，加选椭圆 2 和椭圆 1，单击属性栏上的【对齐与分布】按钮 ，具体参数的设置如图 7-20 所示，然后单击 应用 、 关闭 按钮，对齐后的效果如图 7-21 所示。

【步骤 17】执行【窗口】/【泊坞窗】/【变换】/【大小】命令（快捷键【Alt+F10】），具体参数的设置如图 7-22 所示。单击 应用到再制 ，效果如图 7-23 所示，缩小复制出椭圆 3。

图 7-18 椭圆 1

图 7-19 设置对象大小

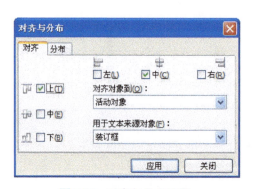

图 7-20 对齐与分布设置

图 7-21 对齐后的效果

图 7-22 设置大小

图 7-23 椭圆 3

【步骤 18】再次执行【窗口】/【泊坞窗】/【变换】/【大小】命令（快捷键【Alt+F10】），具体参数的设置如图 7-24 所示。单击 ，缩小复制出椭圆 4。

【步骤 19】配合【Ctrl】键，将椭圆 4 向下拖动一段距离，效果如图 7-25 所示。

图 7-24　设置大小　　　　　　　　图 7-25　椭圆 4

【步骤 20】单击工具箱中的"矩形"工具 ，绘制一个矩形。在属性栏中，设置对象大小，如图 7-26 所示，填充黑色 CMYK：0、0、0、100，轮廓色设置为"无"。

【步骤 21】单击工具箱中的"形状"工具 ，在矩形的任意节点上按住鼠标左键拖动，将矩形倒角，设置属性栏中的【边角圆滑度】，如图 7-27 所示。

图 7-26　设置对象大小　　　　图 7-27　将矩形倒角

【步骤 22】单击属性栏中的【转换为曲线】按钮 （快捷键【Ctrl+Q】），将倒角矩形转换为曲线。用工具箱中的"形状"工具 ，选择倒角矩形底部的节点，按【Ctrl+↓】5 次。使其与椭圆垂直方向对齐，效果如图 7-28 所示，这是鼠标的滚轮。

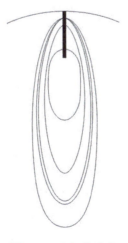

图 7-28　鼠标的滚轮

【步骤 23】按【Alt+Z】组合键打开"贴齐对象"命令，在页面的左侧标尺上，按住鼠标左键拖动出一条辅助线至黑色细长矩形的中心处（自动捕捉），释放鼠标，创建一条垂直辅助线，如图 7-29 所示。

【步骤 24】执行菜单栏中的【视图】/【贴齐辅助线】命令，单击工具箱中的"贝塞尔"工具 ，贴近辅助线绘制鼠标下部的 U 形分隔槽，效果如图 7-30 所示。

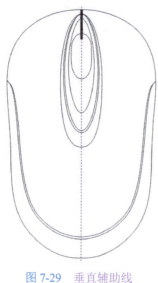
图 7-29　垂直辅助线

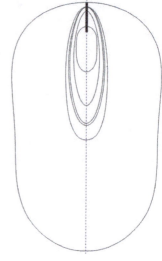
图 7-30　U 形分隔槽

操作提示

如何删除辅助线。
鼠标在辅助线上单击一次，辅助线显示成红色，按【Del】键即可删除。

【步骤 23】单击工具箱中"矩形"工具 ，绘制一个矩形。在属性栏中，设置【对象大小】如图 7-31 所示，将其底端与鼠标顶部贴齐，以及垂直中心对齐，效果如图 7-32 所示。

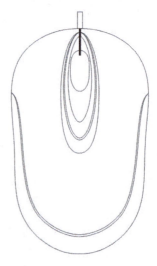

图 7-31　设置【对象大小】　　　　图 7-32　绘制一个矩形

以上为鼠标外形的绘制，下面我们继续为鼠标进行初步的填充。

7.2.2 初步填充效果

【步骤1】选中U形分隔槽，单击工具箱中"渐变"填充工具（快捷键【F11】），如图7-33所示，具体参数的设置如图7-34所示。

图7-33 "渐变"填充工具

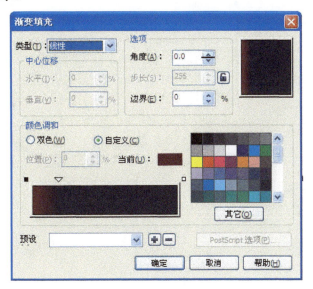

图7-34 设置渐变参数

【步骤2】在"颜色调和"选项内，下方的"位置"和"矩形渐变色块"的颜色设置，如图7-35～图7-37所示。

图7-35 RGB：94、26、20

图7-36 RGB：29、22、27

图7-37 RGB：0、0、0

【步骤3】将U形分隔槽的轮廓色设置为"无"，效果如图7-38所示。

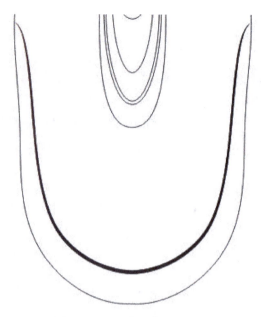

图 7-38 轮廓色设置为"无"

【步骤 4】单击工具箱中的"交互式透明"工具,按住鼠标左键从 U 形分隔槽的下方拖动到上方,释放鼠标。效果如图 7-39 所示。

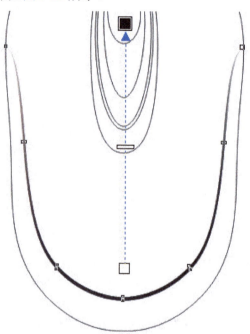

图 7-39 从 U 形分隔槽的下方拖动到上方

【步骤 5】单击工具箱"挑选"工具,选择椭圆 2,按【F11】键渐变填充,具体参数的设置如图 7-40 所示。"颜色调和"选项内的"位置"和"矩形渐变色块"的颜色设置如图 7-41～图 7-44 所示。

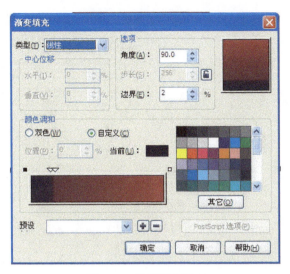

图 7-40　设置渐变填充

图 7-41　RGB：27、20、25

图 7-42　RGB：45、24、32

图 7-43　RGB：97、39、54

图 7-44　RGB：196、45、75

【步骤6】将椭圆2的轮廓色设置为"无"，效果如图 7-45 所示。

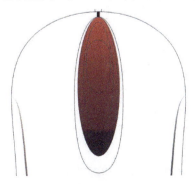

图 7-45　填充渐变

【步骤 7】选择椭圆 3，按【F11】键渐变填充，具体参数的设置如图 7-46 所示。"颜色调和"选项内的"位置"和"矩形渐变色块"的颜色设置，如图 7-47～图 7-51 所示。

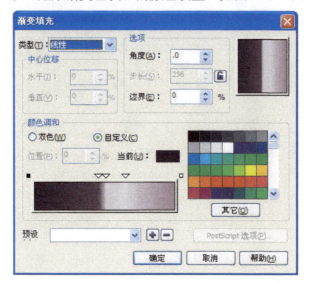

图 7-46　渐变填充参数设置

图 7-47　RGB：38、24、25

图 7-48　RGB：99、73、79

图 7-49　RGB：230、217、222

图 7-50　RGB：242、232、239

图 7-51　RGB：170、143、156

【步骤 8】将椭圆 3 的轮廓色设置为"无"，效果如图 7-52 所示。

第七章 造型设计

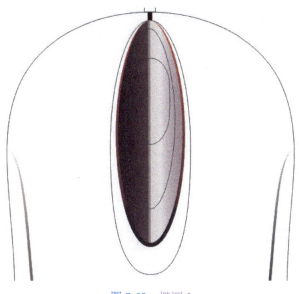

图 7-52 椭圆 3

【步骤 9】确定椭圆 3 被选中，将鼠标指针放于椭圆 3 的中心"×"位置上，按住鼠标右键拖动到椭圆 4 上，当鼠标指针变成 ⊕，如图 7-53 所示，释放鼠标，在弹出的下拉菜单中选择【复制所有属性】，如图 7-54 所示。

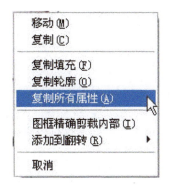

图 7-53 拖动椭圆　　　　图 7-54 选择【复制所有属性】

【步骤 10】单击椭圆 4，将其选中，单击属性栏中【水平镜像】按钮，效果如图 7-55 所示。

【步骤 11】选择椭圆 1，按【F11】键渐变填充，具体参数的设置如图 7-56 所示。"颜色调和"选项内的"位置"和"矩形渐变色块"的颜色设置，如图 7-57～图 7-60 所示。

127

平面广告设计与制作

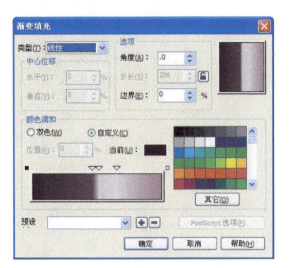

图 7-55 水平镜像　　　　　　　　　　图 7-56 渐变填充参数设置

图 7-57　RGB：48、36、37　　　　　图 7-58　RGB：71、43、53

图 7-59　RGB：194、184、184　　　图 7-60　RGB：196、168、173

【步骤 12】将椭圆 1 的轮廓色设置为"无"，效果如图 7-61 所示。

下面我们为椭圆 4、椭圆 3、椭圆 1 添加高光。

【步骤 13】选中椭圆 4，原位置复制（组合键【Ctrl+C】）、粘贴（组合键【Ctrl+V】）。

【步骤 14】按【Alt+Z】组合键打开"贴齐对象"命令。单击工具箱中"矩形"工具，在椭圆 4 的右侧绘制一个高于椭圆 4 的矩形，使矩形左侧边贴齐到椭圆的底部正中节点，如图 7-62 所示。

【步骤 15】单击工具箱中的"挑选"工具，配合【Shift】键，加选椭圆 4 和矩形，单击属性栏中的【后减前】按钮，留下椭圆 4 的左半侧。

【步骤 16】向上移动复制椭圆 4 的左半侧，位置如图 7-63 所示。

【步骤 17】配合【Shift】键，加选椭圆 4 的左半侧，单击属性栏中的【后减前】按钮，并将修剪后的图形填充白色，效果如图 7-64 所示。

128

图 7-61 椭圆 1　　　　　　图 7-62 绘制矩形

图 7-63 复制椭圆 4 的左半侧　　　图 7-64 修剪后的图形

【步骤 18】单击工具箱中的"交互式透明"工具 ，按住鼠标左键从白色图形的左侧边缘向右侧边缘拖动，释放鼠标。效果如图 7-65 所示。

【步骤 19】参照步骤 13～步骤 18 的方法，绘制出椭圆 3、椭圆 1 的高光部分，效果如图 7-66 所示。

【步骤 20】选择鼠标顶部的细长矩形（此矩形是鼠标线），按【F11】键渐变填充，具体参数的设置如图 7-67 所示。"颜色调和"选项内的"位置"和"矩形渐变色块"的颜色设置，如图 7-68～图 7-71 所示。

图 7-65　应用"交互式透明　　　图 7-66　椭圆 3、椭圆 1 的高光部分

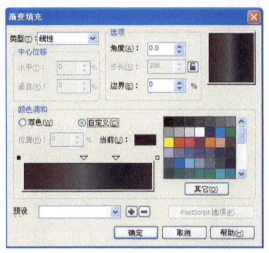

图 7-67　设置渐变填充

图 7-68　RGB：67、38、39　　　图 7-69　RGB：118、109、108

图 7-70　RGB：25、26、27　　　图 7-71　RGB：69、38、40

【步骤 21】将细长矩形的轮廓色设置为"无",效果如图 7-72 所示。

图 7-72　轮廓色设置为"无"

【步骤 22】选择滚轮,填充为黑色 CMYK:0、0、0、100,轮廓色设置为"无"。

【步骤 23】按【Ctrl+C】、【Ctrl+V】组合键,原位置复制一个滚轮,填充为红色 CMYK:0、100、100、0。

【步骤 24】单击工具箱中的"交互式透明"工具,在属性栏中的【透明度类型】选择【位图图样】,如图 7-73 所示。效果如图 7-74 所示。

图 7-73　选择【位图图样】

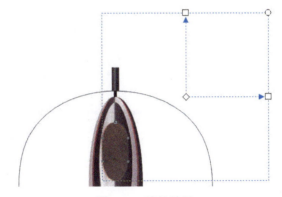

图 7-74　滚轮效果

【步骤 25】将鼠标指针放于正方形中心的白色菱形位置,当指针变成"+",按住左键拖动正方形到滚轮正中央,效果如图 7-75 所示。

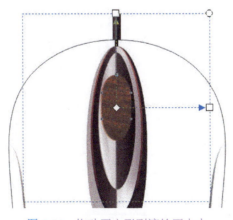

图 7-75　拖动正方形到滚轮正中央

【步骤 26】单击属性栏中的【第一种透明度挑选器】,在其下拉列表中选择【其他】(因为列表中没有我们可以用的位图图样),如图 7-76 所示。在弹出的对话框中,通过路径找到素材库中可用的位图图样,如图 7-77 所示,单击【导入】按钮,将此位图图样导入到虚线框内。

图 7-76　选择【其他】

图 7-77　图样

【步骤 27】配合【Ctrl】键,在虚线框的右上角圆圈处按住鼠标左键向中心拖动,将虚线框的高度与滚轮的高度调节一致,如图 7-78 所示。

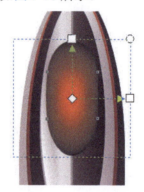

图 7-78　调节高度

【步骤 28】按【F11】键对滚轮进行渐变填充,具体参数的设置如图 7-79 所示。"颜色调和"选项内的"位置"和"矩形渐变色块"的颜色设置,如图 7-80～图 7-85 所示。填充后的效果如图 7-86 所示。

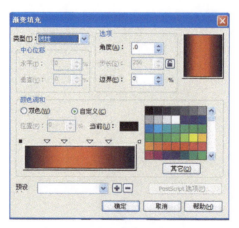

图 7-79　设置渐变填充

第七章 造型设计

图 7-80　RGB：0、0、0

图 7-81　RGB：146、10、10

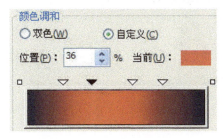

图 7-82　RGB：255、89、89

图 7-83　RGB：221、58、41

图 7-84　RGB：109、8、8

图 7-85　RGB：0、0、0

图 7-86　滚轮效果

【步骤 29】按【Ctrl+C】、【Ctrl+V】组合键，将渐变填充的滚轮原位置复制一个，填充颜色为 CMYK：0、0、0、90。

【步骤 30】单击工具箱"交互式透明"工具，在属性栏中将【透明度类型】改为【射线】，并将白色方块向右侧拖动一段距离，位置如图 7-87 所示。

133

图 7-87　白色方块向右侧拖动一段距离

至此鼠标的初步填充效果完成，如图 7-88 所示。下一任务中继续制作鼠标的壳体效果。

图 7-88　鼠标的初步填充效果

7.2.3　填充鼠标壳体

具体操作步骤如下。

【步骤1】单击工具箱中的"挑选"工具，选择除鼠标轮廓外的所有图形，按【Ctrl+G】组合键群组，执行菜单栏中的【排列】/【锁定对象】命令。

【步骤2】本任务主要是利用"网格填充"工具，完成鼠标表面的光影效果。在进行填充之前，需要绘制几条明暗交接线，以辅助我们更直接地进行填充工作。用工具箱中的"贝塞尔"工具，配合"形状"工具，绘制的几条明暗交接线，效果如图 7-89 所示。

 **相关说明**

明暗交接线。

首先要明白一点"明暗交接线"并不是一条线。一个物体有受光的亮面也有背光的暗面，暗面会有环境对它的反光。物体上光源照不到的地方和反光也照不到的地方就是最暗的区域（面），这个区域就是明暗交接线，凡是结构有转折的地方就必定会有明暗交接线。只有把明暗交接线表现出来，物体才会有立体感。

 **操作提示**

可以先绘制出左侧的明暗交接线，再镜像复制出右侧的明暗交接线。

图 7-89　绘制明暗交接线

【步骤3】框选绘制的几条明暗交接线，填充轮廓色为 CMYK：0、0、0、20，执行菜单栏中的【排列】/【锁定对象】命令。

【步骤4】在页面空白位置单击，不选择任何图形，单击工具箱中的"网格填充"工具，在属性栏中设置【网格大小】，如图 7-90 所示。

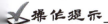 **操作提示**

为对象网格填充时，必须注意开始阶段网格的数目设置要少，可以在需要的时候再添加网格线。如果开始阶段网格线的数目设置过多，操作过程中有的节点可能需要删除，删除的节点

则会影响颜色过渡的效果。

图 7-90　设置【网格大小】

【步骤 5】单击鼠标轮廓，则生成了图 7-90 所示的网格数目，如图 7-91 所示。

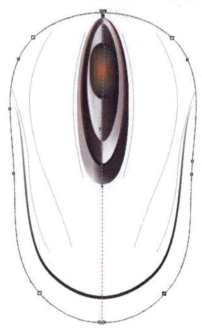

图 7-91　生成网格

【步骤 6】在鼠标轮廓的左侧上边缘分别双击，创建 3 条纵向网格线；在轮廓的左侧左边缘分别双击，创建 4 条横向网格线，如图 7-92 所示。

✔ 操作提示

创建网格线的时候，不可以在对象轮廓上的节点处双击创建网格线，否则就会删除轮廓上的节点，导致轮廓变形。

【步骤 7】用步骤 6 的方法，在鼠标右侧添加与左侧对称的纵向、横向网格线，如图 7-93 所示。

✔ 操作提示

创建右侧网格线的时候，尽量使其与左侧的网格线对称，如果不能够完全对称，可以后期加以调整，不必为了追求完全对称而反复操作。

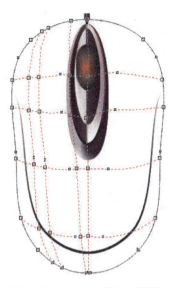

图 7-92　创建 4 条横向网格线　　　　图 7-93　添加纵向、横向网格线

【步骤8】双击网格线上多余的节点（纵向网格线与横向网格线未交叉的节点），将其删除，以免影响网格填充颜色过渡的效果，如图 7-94 所示。在以下的步骤中我们还要添加网格线，多余的节点也要将其删除。

【步骤9】继续用网格工具，框选鼠标上所有的节点，如图 7-95 所示，单击属性栏中的【生成对称节点】按钮。

操作提示

在下面步骤中创建网格线的时候，均要将网格线上的节点【生成对称节点】，目的是使填充颜色过渡均匀。

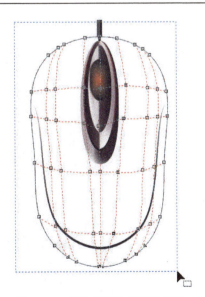

图 7-94　删除多余的节点　　　　图 7-95　框选鼠标上所有的节点

【步骤10】继续使用网格工具，选择鼠标上的节点并拖动，调整网格线的形状尽量与明暗交接线形状匹配（稍有偏差无妨），调整的效果如图 7-96 所示。

下面我们要进行颜色填充，在填充之前要设置 4 个调色板中没有的颜色，并且保存到调色板里。

【步骤11】单击调色板上方的 ▶ 按钮，在弹出的下拉菜单中选择【排列图标】/【调色板编辑器】，在弹出的对话框中，单击右上部的 添加颜色(A) 按钮，如图 7-97 所示。

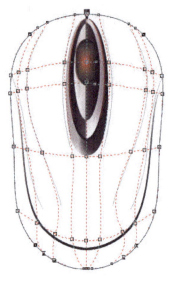

图 7-96　调整网格线

图 7-97　添加颜色

【步骤12】如图 7-98 所示，在弹出的【选择颜色】对话框中。将【模型】设置为【RGB】，在【组件】下分别输入 R、G、B 的数值。每次设置完一种颜色就单击一次 确定 按钮，将颜色添加到调色板中。新增的 4 种颜色色值分别为：

RGB：255、235、247　　　　　RGB：161、141、141

RGB：99、71、81　　　　　　 RGB：46、12、28

图7-98　【选择颜色】对话框

【步骤 13】添加后的颜色如图 7-99 所示，添加完颜色后单击 确定 按钮，关闭对话框。

图 7-99　添加后的颜色

　　用网格填充颜色的过程是难度比较高的，设计者要有绘画基础知识。这个过程就像绘画一样，在适当的地方填上合适的颜色，然后调整颜色间的过渡效果。只要用心体会，反复练习，就可以渡过这个难关。

【步骤 14】把鼠标指针放于调色板最上方 ，当指针变成 ，按住鼠标左键将调色板拖曳出来成为浮动面板，放置在合适的位置。这是为了网格填充时，在调色板中方便选择颜色。新增的 4 个颜色位置如图 7-100 所示。

【步骤 15】用网格填充工具，框选以及配合【Shift】键加选，将鼠标轮廓上的所有节点选中，单击调色板中新增的第 4 种最深的颜色（以下简称第 4 色），如图 7-101 所示。

图 7-100　新增的 4 个颜色位置

图 7-101　填充效果

【步骤 16】框选靠近滚轮右侧网格线上的 2 个节点，填充第 4 色，如图 7-102 所示。

【步骤 17】框选如图 7-103 所示的 2 个节点，单击调色板中新增的第 3 色（以下简称第 3 色）。

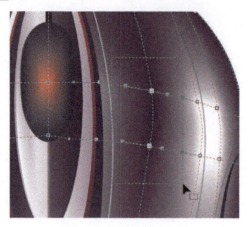

图 7-102　填充第 4 色

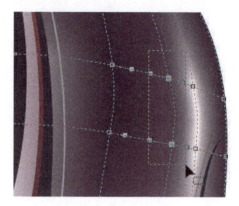

图 7-103　填充第 3 色

【步骤 18】框选靠近滚轮左侧网格线上的 2 个节点，填充第 4 色，如图 7-104 所示。

【步骤 19】框选右下部的 3 个节点，如图 7-105 所示，填充第 4 色。

【步骤 20】框选下部中间的节点，如图 7-106 所示，填充第 3 色。

【步骤 21】框选左下部的 3 个节点，如图 7-107 所示，单击调色板中新增的第 2 种颜色（以下简称第 2 色）。

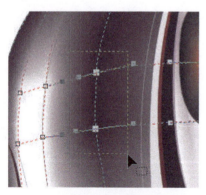

图 7-104　填充第 4 色

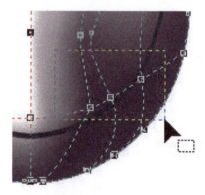

图 7-105　填充第 4 色

图 7-106　填充第 3 色

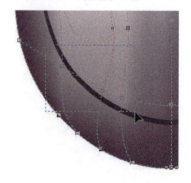

图 7-107　填充第 2 色

【步骤 22】框选如图 7-108 所示的 2 个节点，填充第 2 色。

【步骤 23】框选鼠标右侧 3 条网格线上的 3 个节点，如图 7-109 所示，填充第 3 色。

图 7-108　填充第 2 色

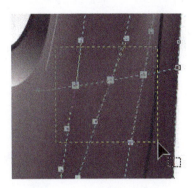
图 7-109　填充第 3 色

【步骤 24】框选右侧最外边的网格线上的 2 个节点，如图 7-110 所示，填充第 2 色。几次填充的效果如图 7-111 所示。

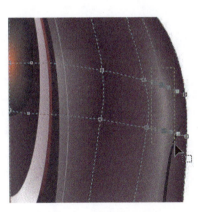
图 7-110　填充第 2 色

图 7-111　填充后的效果

【步骤 25】在如图 7-112 所示的指针位置上双击，添加 1 条纵向网格线。框选该网格线上的 2 个节点，填充第 4 色，如图 7-113 所示。

图 7-112　纵向网格线

图 7-113　填充第 4 色

【步骤 26】框选该网格线下部的节点,填充第 4 色,如图 7-114 所示。

【步骤 27】在如图 7-115 所示的指针位置及上方分别添加 2 条横向网格线,并微调网格线的位置及平滑度。

【步骤 28】框选如图 7-116 所示的节点,填充第 4 色。

【步骤 29】框选如图 7-117 所示的节点,填充第 3 色。

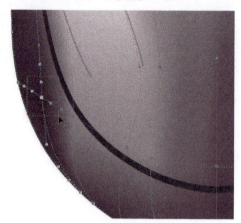

图 7-114　填充第 4 色

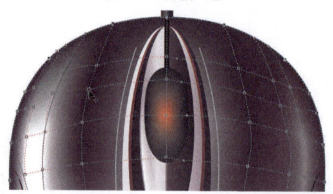

图 7-115　微调网格线

图 7-116　填充第 4 色

图 7-117　填充第 3 色

【步骤 30】框选如图 7-118 所示的节点,填充第 2 色。

【步骤 31】在如图 7-119 所示的指针位置上添加 1 条纵向网格线。使节点【生成对称节点】,

并调整网格线形与其下面的明暗交接线匹配。

图 7-118　填充第 2 色

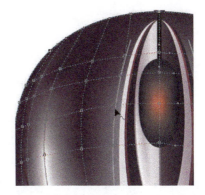
图 7-119　添加 1 条纵向网格线

【步骤 32】框选如图 7-120 所示的节点，填充第 2 色。

【步骤 33】框选如图 7-121 所示的 3 个节点，填充第 1 色。

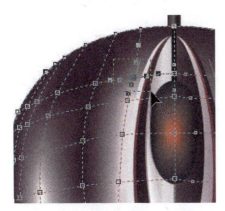
图 7-120　填充第 2 色

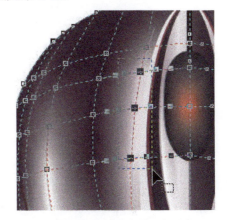
图 7-121　填充第 1 色

【步骤 34】在如图 7-122 所示的指针位置上添加 1 条横向网格线。

图 7-122　添加 1 条横向网格线

【步骤 35】在刚添加的网格线上，框选如图 7-123 所示的节点，填充第 3 色。鼠标左半部分的填充完成，效果如图 7-124 所示。

平面广告设计与制作

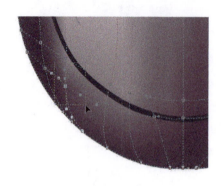

图 7-123　填充第 3 色　　　　　　　　　　　　图 7-124　鼠标左半部分效果

【步骤 36】在如图 7-125 所示的鼠标右侧指针位置上添加 1 条纵向网格线。

【步骤 37】在刚添加的网格线上，框选如图 7-126 所示的 4 个节点，填充第 4 色。

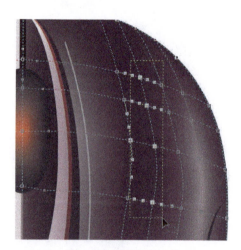

图 7-125　添加 1 条纵向网格线　　　　　　　　图 7-126　填充第 4 色

【步骤 38】在如图 7-127 所示的滚轮右侧指针位置上添加 1 条纵向网格线。

【步骤 39】在刚添加的网格线上，框选如图 7-128 所示的 4 个节点，填充第 4 色。

【步骤 40】框选鼠标右侧下部的 8 个节点，填充第 4 色，如图 7-129 所示。

【步骤 41】单击工具箱"挑选"工具，选择明暗交接线，按【Del】键将其删除。此时的整体效果如图 7-130 所示。下面我们根据光线照射的方向对部分结构进行微调，然后再添加几处高光。

第七章 造型设计

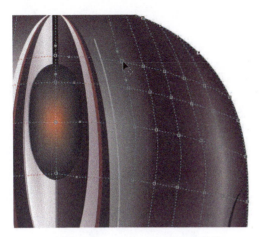

图 7-127 添加 1 条纵向网格线

图 7-128 填充第 4 色

图 7-129 填充第 4 色

图 7-130 整体效果

【步骤 42】执行菜单栏中的【排列】/【解除锁定全部对象】命令，按【Ctrl+U】组合键取消群组。

【步骤 43】框选鼠标滚轮部分（包括 4 个椭圆、滚轮及轮廓上方黑色分隔槽），单击属性栏中的【水平镜像】按钮，效果如图 7-131 所示。

【步骤 44】参考"任务二"中步骤 13～步骤 17 的修剪图形的方法，制作出椭圆 1 及椭圆 4 的月牙形高光，效果如图 7-132 所示。

145

图 7-131　水平镜像　　　　　　　　　图 7-132　月牙形高光

【步骤 45】单击 U 形分隔槽，向下移动复制一份，填充白色，如图 7-133 所示。

【步骤 46】单击工具箱中的"交互式透明"工具，调整交互透明的黑白方块位置、距离，并将白色高光部分置于黑色 U 形分隔槽下层。效果如图 7-134 所示。

图 7-133　分隔槽　　　　　　　　　图 7-134　交互式透明

至此，鼠标的填充工作全部完成，整体效果如图 7-135 所示。下面我们为鼠标添加阴影、背景等效果。

【步骤 47】框选鼠标所有部分，执行菜单栏中的【位图】/【转换为位图】命令，具体参数的设置如图 7-136 所示，单击 确定 ，把矢量图的鼠标转换为位图。

【步骤 48】再次单击，在属性栏中设置【旋转角度】为 329.0 ，效果如图 7-137 所示。

【步骤 49】单击工具箱中的"交互式透明"工具，在鼠标线的中间地方按住左键向上拖动，位置如图 7-138 所示。

第七章 造型设计

图 7-135　整体效果

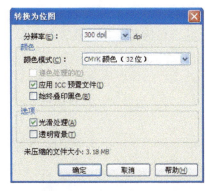

图 7-136　转换为位图

图 7-137　设置旋转角度

图 7-138　交互式透明

【步骤 50】单击工具箱中的"交互式阴影"工具 ，从鼠标的正中心按住左键向右下角拖动，如图 7-139 所示。属性栏中阴影的各项设置如图 7-140 所示，其中阴影颜色为 RGB：51、6、47。

图 7-139　交互式阴影

147

图 7-140　阴影的各项设置

【步骤 51】单击标准工具栏中的【导入】按钮，导入格式为".jpg"的图片，并调整图片的大小，放置于鼠标下层，效果如图 7-141 所示。

图 7-141　最终效果

以上是本案例的设计及制作过程，最终效果如图 7-141 所示。

作品欣赏

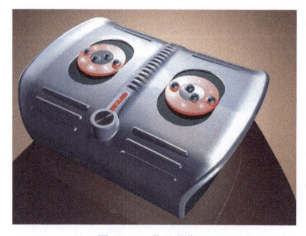

图 7-142　作品欣赏 1

图 7-143　作品欣赏 2

第七章 造型设计

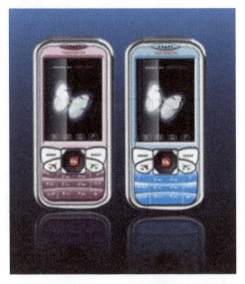

图 7-144　作品欣赏 3

图 7-145　作品欣赏 4

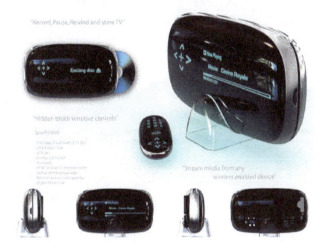

图 7-146　作品欣赏 5

图 7-147　作品欣赏 6

图 7-148　作品欣赏 7

图 7-149　作品欣赏 8

图 7-150　作品欣赏 9　　　　　　　　图 7-151　作品欣赏 10

图 7-152　作品欣赏 11　　　　　　　　图 7-153　作品欣赏 12

课后实训

无线音箱设计。

要求：

1．无线音箱是伴随手机而出现的一种特殊音箱。造型别致、体积小巧，专门为手机播放音乐而使用，已成为时尚新品；

2．充分考虑音箱的特定使用对象——手机；

3．色彩简洁明快，造型大方得体、美观；

4．附带 100 字的文字说明（想法、设计思路）。

企业形象识别系统设计

企业形象识别系统 CIS 是英文 Corporate Identity System 的缩写，CI 是 Corporate Identity 的缩写，直译为企业形象识别系统，意译为企业形象设计。CIS 是指企业有意识/有计划地将自己企业的各种特征向社会公众主动地展示与传播，使公众在市场环境中对某一个特定的企业有一个标准化、差别化的印象和认识，以便更好地识别并留下良好的印象。

本章简介

本章主要讲解的是企业形象识别系统设计基础和案例，企业形象识别系统基础设计包括企业标志、标准字体、企业标准色、企业造型、企业象征图形和基础要素组织规范等，本章以"恒爱大药房"企业形象识别系统设计为例，讲解了企业形象识别系统基础设计的设计方法和制作技巧。

本章重点

◇ 掌握企业形象识别系统基础设计的相关理论。
◇ 掌握企业形象识别系统基础设计的流程。
◇ 掌握利用贝塞尔工具绘制不规则图形的方法。
◇ 掌握形状工具控制节点编辑曲线的方法。
◇ 掌握颜色填充的方法。
◇ 掌握图形对象的合并、修剪、相交等操作。

学习目标

灵活掌握企业形象识别系统设计的设计方法和绘制流程，能够独立完成企业形象识别系统的基础设计和制作。

8.1　企业形象识别系统设计基础

企业形象识别系统设计是企业形象在公共场合的视觉再现,是一种公开化、有特色的群体设计和标志着企业面貌特征的系统。在设计和应用上借助内外环境,突出和强调企业坚定性,以便给观看者在眼花缭乱的都市中留下好感。

企业指示系统设计要素

首先需要设计一套公共标志图案,它是企业内外部公共场所的视觉符号,具有企业内部信息传递和导向功能。标志(logo)是表明事物特征的记号。它以单纯、显著、易识别的物象、图形或文字符号为直观语言,除了能够表示什么和代替什么之外,还具有表达意义、情感和指令行动等的作用。标志设计不仅是实用物的设计,也是一种图形艺术的设计,它与其他图形艺术表现手段既有相同之处,又有自己的艺术规律。标志设计必须体现实用物的特点,才能更好地发挥其功能。由于标志设计对简练、概括、完美的要求十分苛刻,即要完美到几乎找不至更好的替代方案,其难度比其他任何图形艺术设计都要大得多。标志承载着企业的无形资产,是企业综合信息传递的媒介。企业强大的整体实力、完善的管理机制、优质的产品和服务,都被涵盖于标志中,通过不断地刺激和反复刻画,深深地留在受众心中,如图 8-1 所示为一些成功的标志设计。

图 8-1　标志设计示例

8.2　"恒爱大药房"基础识别系统设计

8.2.1　标志设计

标志是企业形象的核心元素,由专有图形、标准色两项基本设计要素组成。它是视觉识别系统的核心,是企业对外沟通的视觉形象母体。如图 8-2 所示为"恒爱大药房"标志。

标志释义

恒爱环　无终点　以"恒业永续,爱心永传"为创意原点,象征爱心事业永无止境

六合运　太极含　与中国哲学及文化的深度共融

超象外 神韵展 企业不断超越自我的理念升华
上善聚 普世间 阐明企业致力于造福人类的健康产业
中国红 爱无边 阐明标志色彩内涵
拓九州 亦连绵 象征企业门店连锁和联合体的发展
泛爱众 心相连 阐述企业和同业、消费者、社会的互动关系
笃恒爱 业永传 "恒爱"即企业的立业根本所在

具体操作步骤如下。

【步骤1】按【Ctrl+N】快捷键新建文件，具体参数的设置如图8-3所示。

图8-2 "恒爱大药房"标志

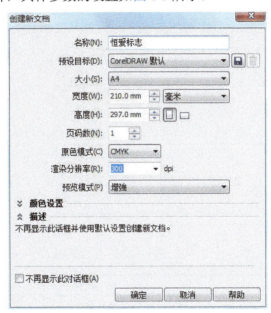

图8-3 新建文件参数设置

【步骤2】选择手绘工具组中的【贝塞尔】工具，如图8-4所示，分左、中、右3个部分分别绘制标志图形。选择形状编辑工具组中的【形状】工具，如图8-5所示，编辑绘制的图形形状，绘制效果如图8-6所示。

图8-4 选择【贝塞尔】工具

图8-5 选择【形状】工具

【步骤3】选择填充工具组中的【渐变填充】工具，如图8-7所示，打开"渐变填充"对话框，具体参数的设置如图8-8所示。

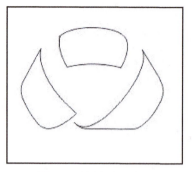
图8-6 绘制图形效果

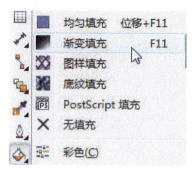
图8-7 选择【渐变填充】工具

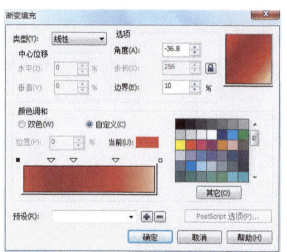

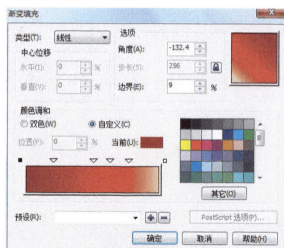

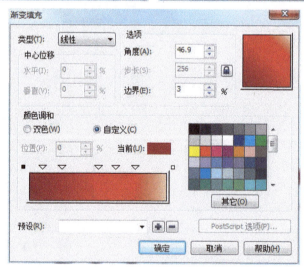

图8-8 "渐变填充"对话框参数设置

【步骤 4】选择【文字工具】,输入英文文字"hengai medicine",字符属性设置如图 8-10 所示,文字效果如图 8-11 所示。

第八章 企业形象识别系统设计

图 8-9　绘制效果

图 8-10　字符属性设置

图 8-11　文字效果

【步骤 5】在制作标志时，有标志保护区的限制和最小可识别范围，如图 8-12 和图 8-13 所示。

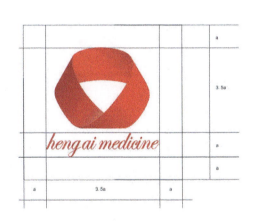

图 8-12　标志保护区的限制

图 8-13　最小识别范围

【步骤 6】最终效果如图 8-14 所示。

图 8-14　绘制效果

155

8.2.2 标志墨稿

为了适应发布媒体的需要,标志除彩色图例处,也制订墨稿图形,以保证标志在对外的形象中,能体现一致性。标志墨稿主要应用于报纸广告等单色(黑色)印刷范围内,使用时请严格按此规定进行,效果如图 8-15 所示。

图 8-15　标志墨稿效果

8.2.3 标志与标准字组合规范的设计

对标准字作字体、比例的规范,确保整体形象的统一。

1. 大药房标准字体

药房名称与中、英文全称,如图 8-16 所示。

2. 标志与中英文标准字横式组合规范

此为标志和中、英文字体组合标准,为企业形象基本常用元素,应用时不得随意更改其比例关系,标志组合保护区内严禁出现干扰元素,效果分别如图 8-17～图 8-19 所示。

图 8-16　药房名称与中、英文全称

图 8-17　标志与中、英文模式组合效果 1

图 8-18　标志与中、英文模式组合效果 2　　　　图 8-19　标志与中、英文模式组合效果 3

3. 标志与中英文标准字竖式组合规范

标志与中、英文标准字竖式组合效果如图 8-20 所示。

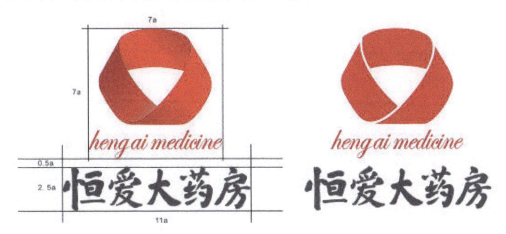

图 8-20　标志与中、英文标准字竖式组合效果

8.2.4　企业色彩

1. 企业标准色与辅助色（印刷颜色法）

企业的标准色是为了保护标志中色彩在各种场合的再现。本例采用的色标为国际通用标准，使用时应严格按照本例规定执行。企业的辅助色是对标准色的补充和衬托，以丰富企业形象的表现力，使在应用中更具选择性和针对性。效果如图 8-21 所示。

2. 企业辅助色色阶

以标准的色阶划分，规范辅助色在各种情况下的应用，效果如图 8-22 所示。

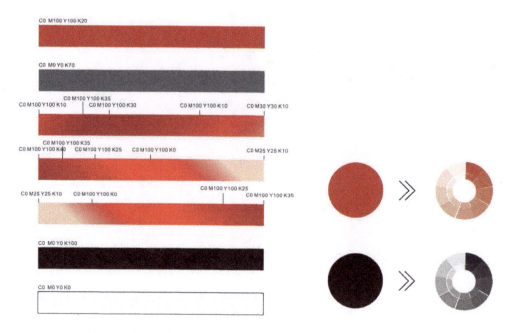

图 8-21　企业标准色与辅助色　　　　　图 8-22　企业辅助色色阶

3．以辅助色为底色的标志

以辅助色为底色方便标志在辅助色下的应用，效果如图 8-23 所示。

4．明度应用规范

为确保标志及其元素组合在媒体推广应用中的识别性和再现性，首先应该保证的是标志在传播中的识别性。此标志只在白色底上应用，效果如图 8-24 所示。

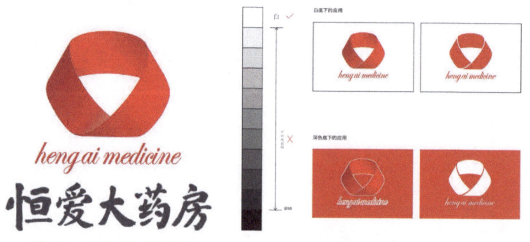

图 8-23　以辅助色为底色的标志　　　　图 8-24　明度应用规范效果

8.2.5　辅助图形

辅助图形是充实企业形象，丰富标志的具体应用。此辅助图形用于演示文本、纸制品、车体等环节。

1. 辅助图形的绘制

辅助图形绘制效果如图 8-25 所示。

图 8-25 辅助图形绘制效果

【步骤 1】单击标准工具栏中的【新建】按钮，新建文件，具体参数的设置如图 8-26 所示。

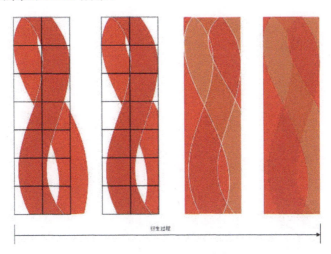

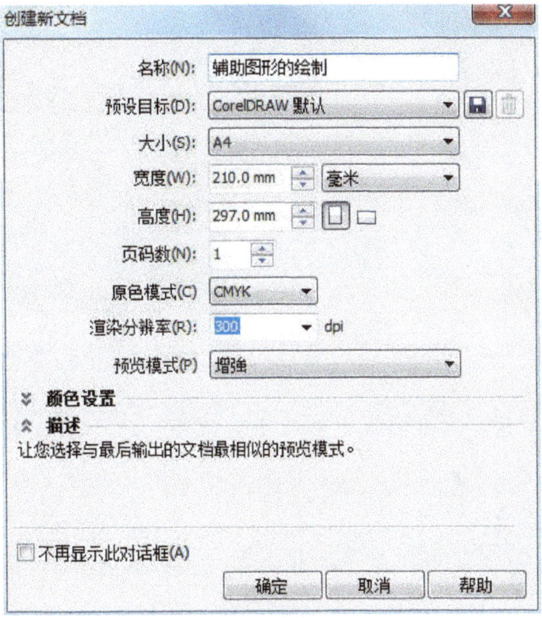

图 8-26 新建文件参数设置

【步骤 2】选择【表格】工具，绘制 7 行 2 列的表格，宽度为 40mm，高度为 140mm。属性栏设置如图 8-27 所示。绘制表格效果如图 8-28 所示。

图 8-27 【表格】工具属性栏设置

159

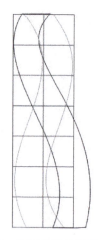

图 8-28　绘制 7 行 2 列表格　　　　图 8-29　绘制曲线并调整效果

【步骤 3】选择【贝塞尔】工具，绘制曲线图形。并使用【形状】工具调整曲线，效果如图 8-29 所示。

【步骤 4】分别选择图形，设置轮廓色为"白色"，并均匀填充颜色。颜色设置如图 8-30 和图 8-31 所示。绘制效果如图 8-32 所示。

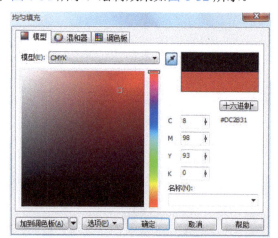
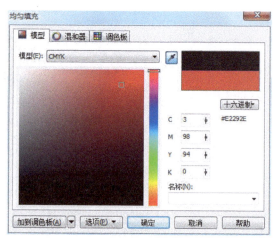

图 8-30　颜色设置 1　　　　　　　　图 8-31　颜色设置 2

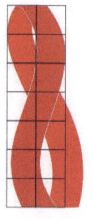

图 8-32　绘制效果

【步骤5】在步骤3的基础上，按住【Shift】键，同时选择两条闭合的曲线，执行"相交"命令，如图8-33所示。效果如图8-34所示。

【步骤6】在步骤3的基础上，选择一条曲线，并绘制一个矩形与其相交，执行"简化"命令，如图8-35所示，效果如图8-36所示。

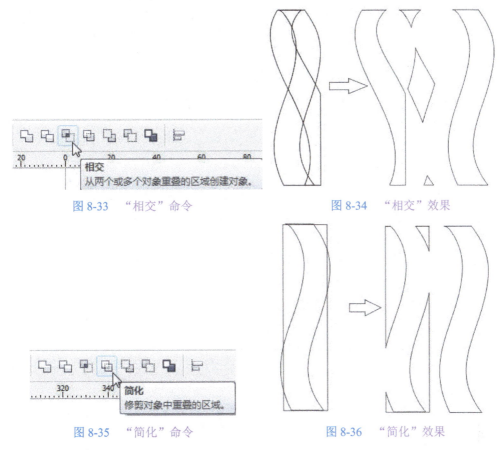

图8-33 "相交"命令　　　　图8-34 "相交"效果

图8-35 "简化"命令　　　　图8-36 "简化"效果

【步骤7】依据最终效果，分别选择相应的图形，填充颜色。颜色设置如图8-37～图8-40所示。

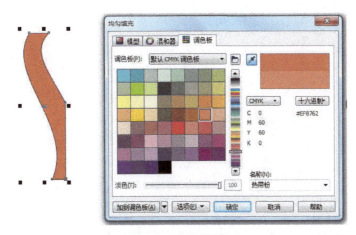

图8-37 颜色设置1

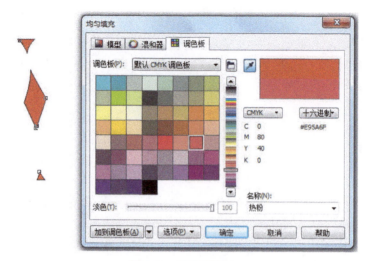

图 8-38　颜色设置 2

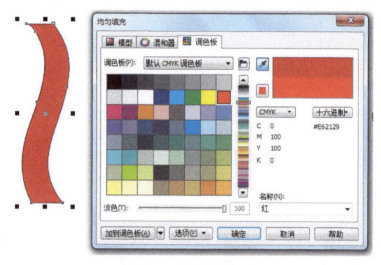

图 8-39　颜色设置 3

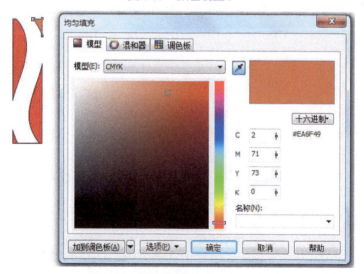

图 8-40　颜色设置 4

【步骤 8】选择"窗口"菜单"泊坞窗"中的"对象管理器"命令,打开"对象管理器"窗口,如图 8-41 所示,调整图层顺序。

【步骤 9】绘制最终效果如图 8-42 所示。

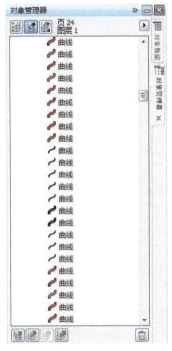

图 8-41　"对象管理器"窗口

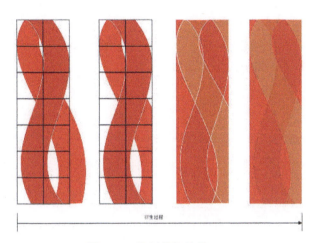

图 8-42　绘制最终效果

2．辅助图形彩色效果

此辅助图形基本用于纸制品和车体。如图 8-43（横）和图 8-44（竖）所示。

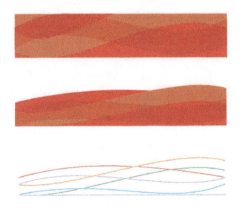

图 8-43　辅助图形彩色效果（横）

图 8-44　辅助图形彩色效果（竖）

8.3　"恒爱大药房"应用识别系统设计

应用识别系统是企业形象识别系统设计的重要组成部分,对企业运营各环节实际应用、展示企业与品牌形象起着至关重要的作用,使企业在应用环节中紧密围绕品牌形象操作,共同营造系统、和谐的品牌视觉形象。

8.3.1 环境识别

1．店面招牌设计

店面招牌是面对市场和消费者的最重要的品牌形象，在应用上一定要规范统一，从而体现连锁经营的规模性和正规性，根据物业形态不同，采用对应的比例规范。

材质：吸塑。

规格：按适当比例制作。

特殊要求：比例小于 1∶10 的均按单标形式制作。

店面招牌效果如图 8-45 所示。

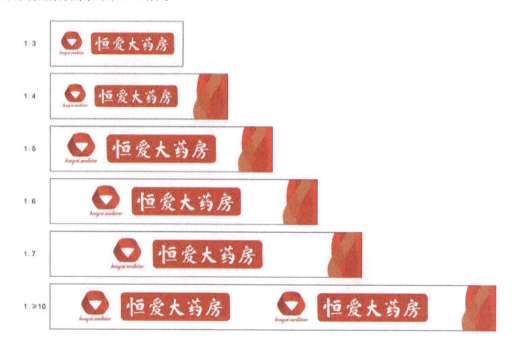

图 8-45　店面招牌效果

2．立式指引牌设计

立式指引牌是指引消费者到达店面的重要工具，用于要树立指引性强、易于关注的场合。

材质：金属+吸塑。

规格：按适当比例制作。

立式指引牌效果如图 8-46 所示。

3．立式三角牌设计

立式三角牌是外部常用的文化宣传载体，可根据对应物业的实际情况和宣传重点，更替立式三角牌的尺寸和对应文字内容。

材质：1#喷绘布。

规格：按适当比例制作。

特殊要求：具体尺寸与比例可按实际店面尺寸进行调整。

立式三角牌效果如图 8-47 所示。

图 8-46　立式指引牌效果　　　　图 8-47　立式三角牌效果

4．悬挂牌设计

悬挂牌是店面营销的必备指引性备品，用于区别店内各药品的销售门类和功能性的指引，需要严格按照设计规范应用。

材质：白色型材。

规格：高度为 12mm 的倍数；宽度依实际情况决定。

特殊要求：字体为丝网印刷；红色部分为车贴粘贴。

悬挂牌效果如图 8-48 所示。

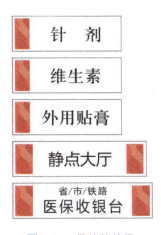

图 8-48　悬挂牌效果

5．区域牌设计

材质：白色型材。

比例：依实际情况定。

特殊要求：字体为丝网印刷；红色部分为车贴粘贴。

区域牌效果如图 8-49 所示。

6．特价区牌设计

特价区是店面营销的必备指引性备品，用于区别店内其他销售区域，需严格按照规范应用。

材质：白色型材。

比例：依实际情况定。

特殊要求：丝网印刷。

特价区牌效果如图 8-50 所示。

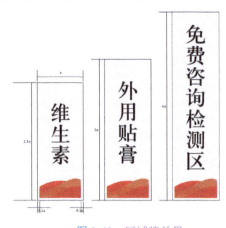

图 8-49　区域牌效果

图 8-50　特价区牌效果

7．围挡

围挡是工程施工时的外部品牌形象展示工具，需严格按照设计规范应用，可成组使用或单块使用，根据实际需要应用。

材质：1#喷绘布。

规格：以实际尺寸制作。

围挡效果如图 8-51 所示。

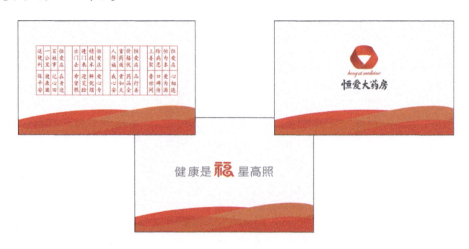

图 8-51　围挡效果

8．楼层指示牌设计

材质：白色型材。
规格：高度为 12mm 的倍数；宽度依实际情况决定。
特殊要求：字体为丝网印刷；红色部分为车贴粘贴。
楼层指示牌效果如图 8-52 所示。

9．办公室门牌设计

办公室门牌是店面品牌形象的重要组成部分，对外部认知和内部员工凝聚力起到重要作用，需严格按照设计规范应用。
材质：亚克力或 PVC。
规格：依实际尺寸制作。
办公室门牌效果如图 8-53 所示。

图 8-52　楼层指示牌效果　　　　图 8-53　办公室门牌效果

10．玻璃防盗贴设计

玻璃防盗贴是店面品牌形象的重要组成部分，同时对安全性起到重要作用，需严格按照设计规范应用。
材质：透明磨砂玻璃贴或灰色不干胶。
规格：室内部分高度为 80mm；室外部分高度为 1000mm×150mm。
玻璃防盗贴效果如图 8-54 所示。

11．公布栏（健康宣传栏）设计

公布栏（健康宣传栏）是大药房在经营中的重要组成部分，同时对安全性起到重要作用，需严格按照设计规范应用。
材质：透明磨砂玻璃贴或灰色不干胶。
规格：室内部分高度为 80mm；室外部分高度为 1000mm×150mm。
公布栏效果如图 8-55 所示。

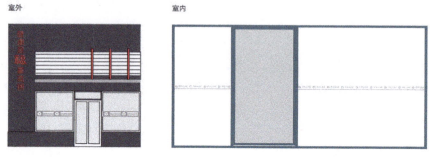

图 8-54　玻璃防盗贴效果

12．禁止提示牌/推拉门牌设计

禁止提示牌/推拉门牌设计具有店面经营的具体功能，可以给消费者以明确的指引和提示，需严格按照设计规范应用。

（1）禁止提示牌。

材质：红色亚克力。

规格：180mm×180mm。

（2）推拉门牌。

材质：仿拉丝双色板。

规格：150mm×150mm。

禁止提示牌/推拉门牌效果如图 8-56 所示。

图 8-55　公布栏效果

图 8-56　禁止提示牌/推拉门牌效果

13. 踏垫

踏垫不仅仅是保持室内清洁的工具，更是对于每位消费者进店第一步的无声问候，需严格按照设计规范应用。

材质：欧洲环保标准优质PVC。

规格：90mm×60mm。

踏垫效果如图8-57所示。

图8-57　踏垫效果

14. 温馨提示牌

温馨提示牌是关系营销的重要环节，一句温暖的提示，往往会让消费者感到亲切，更可以切实起到提醒的作用，需严格按照设计规范应用。

材质：白色PVC。

规格：300mm×150mm。

特殊要求：丝网印刷。

温馨提示牌效果如图8-58所示。

图8-58　温馨提示牌效果

15. 背柜标示牌

背柜标示牌是店面营销的重要工具，同时还必须满足医药监管部门的管理要求，需严格按照设计规范应用。

材质：白色 PVC。

规格：600mm×150mm。

特殊要求：丝网印刷。

背柜标示牌效果如图 8-59 所示。

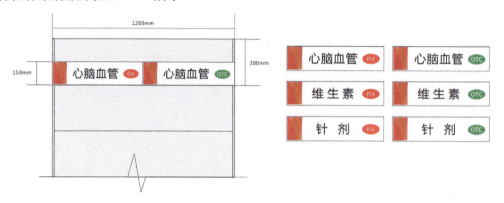

图 8-59　背柜标示牌效果

16. 医生推荐牌设计

医生推荐牌是具有恒爱大药房自身特色的重要营销工具，可以让消费者了解医生身份和资质，需严格按照设计规范应用。

材质：透明 PVC 夹（内容数码快印）。

规格：220mm×180mm。

医生推荐牌效果如图 8-60 所示。

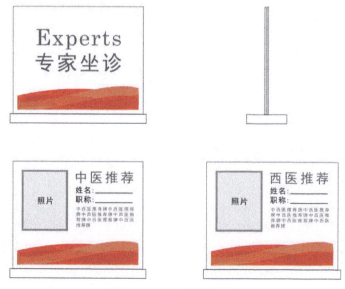

图 8-60　医生推荐牌效果

8.3.2 包装

1. 包装箱

包装箱是恒爱大药房物流管理和店面经营的必需物资，对日常的经营和管理具有重要作用，需严格按照设计规范应用。

材质：双层瓦楞纸。

规格：依实际比例定制。

特殊要求：丝网印刷。

包装箱效果如图 8-61～图 8-63 所示。

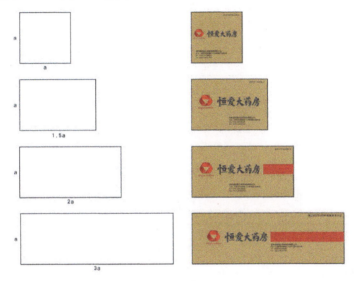

图 8-61　包装箱设计 1

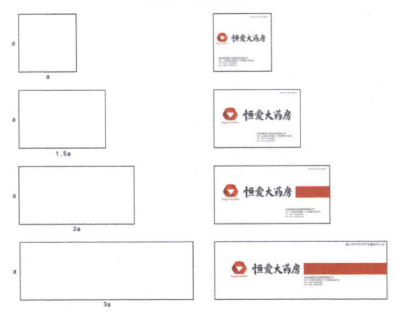

图 8-62　包装箱设计 2

图 8-63 包装箱设计 3

2．手提袋设计

手提袋是店面营销的常用物资，起到品牌形象传播和文化传播的重要作用，需严格按照设计规范应用。

材质：250g 铜版纸。

规格：300mm×400mm×80mm。

手提袋效果如图 8-64 所示。

图 8-64 手提袋效果

3. 塑料袋设计

材质：白色塑料。

规格：300mm×370mm；
　　　280mm×300mm；
　　　230mm×260mm。

特殊要求：5.6丝（双层）。

塑料袋效果如图8-65所示。

4. 包装贴纸设计

材质：白色不干胶。

规格：大 180mm×100mm；
　　　小 30mm×30mm。

包装贴纸效果如图8-66所示。

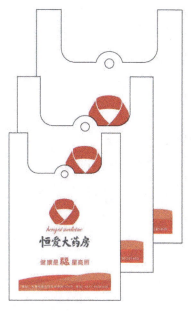

图 8-65　塑料袋效果

图 8-66　包装贴纸效果

8.3.3　旗帜

1. 企业旗帜设计

旗帜是企业和品牌重要的文化象征，起着振奋精神、提高士气、激励员工和美化环境的重要作用，需严格按照设计规范应用。

材质：布面。

规格：192mm×128mm；
　　　144mm×96mm；

96mm×64mm。

企业旗帜效果如图 8-67 所示。

图 8-67　企业旗帜效果

2．吊旗设计

材质：布面。

规格：100mm×50mm。

吊旗效果如图 8-68 所示。

图 8-68　吊旗效果

3．桌旗设计

材质：布面。

规格：200mm×270mm。

桌旗效果如图 8-69 所示。

4．奖励旗设计

材质：布面。

规格：依实际尺寸定制。

奖励旗效果如图 8-70 所示。

5．刀旗设计

材质：布面。

规格：550mm×1500mm。

特殊要求：适用于公司庆典、促销、内部活动等。

第八章 企业形象识别系统设计

刀旗效果如图 8-71 所示。

图 8-69　桌旗效果　　　　图 8-70　奖励旗效果　　　　图 8-71　刀旗效果

8.3.4　办公识别

1．名片设计

名片是企业对外交流和传播的重要办公用品，对提升企业与品牌形象，彰显企业风貌具有重要作用，需严格按照设计规范应用。

材质：200g 特种纸。

规格：90mm×55mm。

名片效果如图 8-72 所示。

图 8-72　名片效果

2．胸牌设计

胸牌是企业办公和管理的工具，是对外展示企业风貌的重要途径，需严格按照设计规范应用。

材质：塑料。

规格：70mm×24mm。

胸牌效果如图 8-73 所示。

图 8-73　胸牌效果

3. 胸卡设计

胸卡是企业对外交流和传播的重要办公用品，对提升企业与品牌形象，彰显企业风貌具有重要作用，需严格按照设计规范应用。在照片应用上也需要统一规范背景、服装等细节，严禁生活照和标准照混用。

材质：200g 铜版纸。

规格：90mm×55mm。

胸卡效果如图 8-74 所示。

4. 信纸设计

办公纸品是企业办公和管理的重要办公用品，是对外展示企业风貌的重要途径，需严格按照设计规范应用。

材质：80g 胶版纸。

规格：210mm×297mm。

信纸效果如图 8-75 所示。

图 8-74　胸卡效果

图 8-75　信纸效果

5．信封设计

（1）五号信封。
材质：157g 胶版纸。
规格：220mm×110mm。
（2）九号信封。
材质：157g 胶版纸。
规格：324mm×229mm。
（3）西式信封。
材质：157g 胶版纸。
规格：220mm×110mm
信封效果如图 8-76 所示。

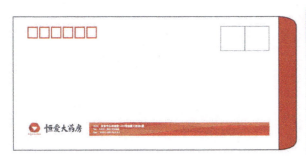 

图 8-76　信封效果

6．便签

材质：157g 胶版纸。
规格：106mm×150mm。
便签效果如图 8-77 所示。

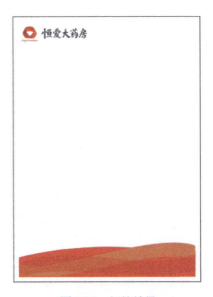

图 8-77　便签效果

7．公文袋设计

材质：200g 胶版纸。

规格：223mm×305mm。

公文袋效果如图 8-78 所示。

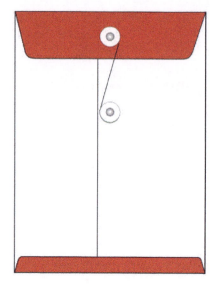

图 8-78　公文袋效果

8．档案袋设计

材质：200g 胶版纸。

规格：223mm×305mm。

档案袋效果如图 8-79 所示。

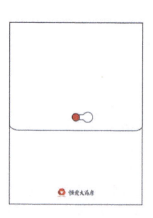
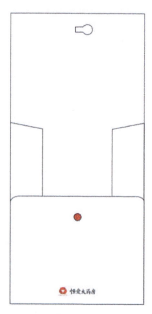

图 8-79　档案袋效果

9. 薪资袋

材质：200g 胶版纸。

规格：170mm×95mm。

薪资袋效果如图 8-80 所示。

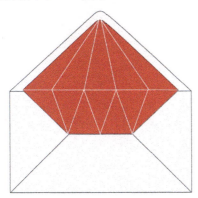

图 8-80　薪资袋效果

10. 传真纸

材质：80g 胶版纸。

规格：210mm×297mm。

文件夹效果如图 8-81 所示。

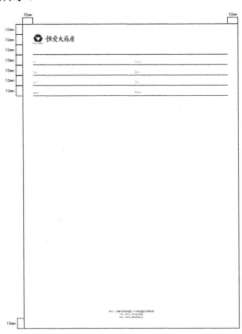

图 8-81　文件夹效果

11. 文件夹设计

材质：不干胶+200g 铜版纸。

规格：依实际尺寸定制。

文件夹效果如图 8-82 所示。

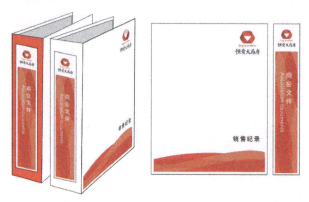

图 8-82　文件夹效果

12. 企划书设计

企划书是企业办公和管理的常用工具，其特殊性在于经常变换项目的名称以便于识别，因此在右侧部分模切出一个空洞，可以在该处对应位置，以普通纸张写明企划项目名称，从而将经济性和实用性结合。为规范形象，需严格按照设计规范应用。

材质：200g 胶版纸。

规格：210mm×297mm。

企划书效果如图 8-83 所示。

13. 合同书设计

合同书是重要的商务文件，需要有明晰的功能性和规范性，从而提升企业的品牌形象，为规范形象，需严格按照设计规范应用。

材质：200g 胶版纸。

规格：210mm×297mm。

合同书效果如图 8-84 所示。

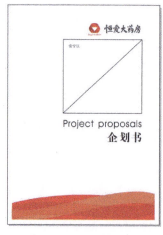

图 8-83　企划书效果

图 8-84　合同书效果

14. 管理手册设计

管理手册是企业用于各项工作的重要办公与管理工具，要充分体现正规性和文化性，便于管理、查阅和执行，需严格按照设计规范应用。

材质：200g 胶版纸。

规格：185mm×260mm。

管理手册效果如图 8-85 所示。

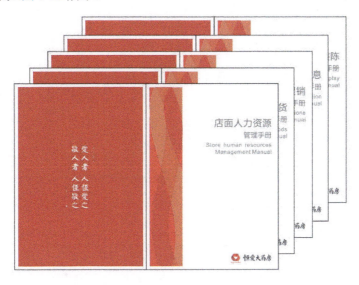

图 8-85　管理手册效果

15. 加盟授权书设计

加盟授权书是象征和展示"恒爱大药房"连锁机构的重要标志，要充分体现正规性和文化性，需严格按照设计规范应用。

材质：200g 铜版纸。

规格：400mm×356mm。

加盟授权书效果如图 8-86 所示。

图 8-86　加盟授权书效果

16. 笔记本设计

笔记本是常用的办公用品，不仅在企业内日常使用，更可以广泛应用于各种会务，具有强大的传播性、实用性、文化性和实效性，需严格按照设计规范应用。

材质：200g/105g胶版纸。

规格：185mm×260mm。

笔记本效果如图8-87和图8-88所示。

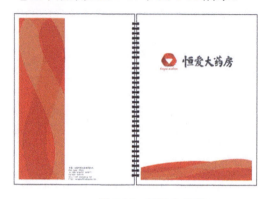
图8-87　笔记本效果1

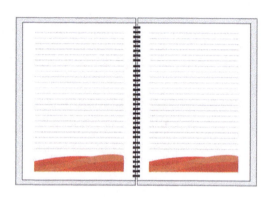
图8-88　笔记本效果2

17. 请假单

请假单是日常使用的办公管理用品，需严格按照设计规范应用。

材质：压感纸。

规格：181mm×80mm。

请假单效果如图8-89所示。

图8-89　请假单效果

18. 办公用笔设计

材质：依实际定制。

规格：按比例制作。

办公用笔效果如图 8-90 所示。

19．光盘/光盘盒设计

光盘是常用的办公用品，不仅在企业内日常资料存储使用，更可以广泛应用于各种环境下的资料散发，具有强大的传播性、实用性、文化性和实效性，需严格按照设计规范应用。

材质：依实际订制。

规格：120mm×120mm（光盘）。

　　　140mm×140mm（光盘盒）。

光盘/光盘盒效果如图 8-91 所示。

图 8-91　光盘/光盘盒效果

20．电脑桌面

电脑桌面是现代办公所必需的形象展示界面，具有丰富的文化价值和传播价值，对强化企业凝聚力有着不可替代的作用，需严格按照设计规范应用。

材质：电子文件

规格：1024 像素×768 像素

电脑桌面效果如图 8-92 所示。

图 8-92　电脑桌面效果

21. PPT 演示模版

PPT 软件是现代办公所必需的形象展示界面，具有丰富的文化价值和传播价值，在会议展示、公益讲座、项目洽谈等环节，对传播企业形象有着不可替代的作用，需严格按照设计规范应用。

PPT 演示模版效果如图 8-93 所示。

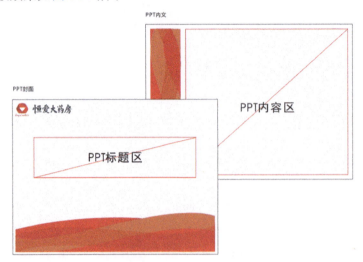

图 8-93　PPT 演示模版效果

22. Word 表头

Word 软件是现代办公所必需的形象展示界面，具有丰富的文化价值和传播价值，对传播企业形象有着不可替代的作用，需严格按照设计规范应用。

材质：电子文件。

规格：210mm×297mm。

Word 效果如图 8-94 所示。

图 8-94　Word 效果

23. 纸杯、杯垫设计

纸杯、杯垫是企业日常经营中不可缺少的办公用品，体现出对消费者、工作伙伴和员工的尊重与亲和，需严格按照设计规范应用。

（1）纸杯。

材质：纸/透明 PVC。

规格：9 盎司。

纸杯效果如图 8-95 所示。

图 8-95　纸杯效果

（2）杯垫。

材质：橡胶。

规格：70mm×70mm。

杯垫效果如图 8-96 所示。

图 8-96　杯垫效果

24. 茶具

茶具是企业内部、外部会议和接待客人所需的办公用品，是对参与者的尊重和人性化沟通不可缺少的用品，体现企业的精神风貌与文化价值，需严格按照设计规范应用。

材质：陶瓷。

规格：依实际尺寸订制。

茶具效果如图 8-97 所示。

图 8-97　茶具效果

25．表单设计

（1）竖式。

材质：无碳复写纸。

规格：210mm×285mm。

竖式表单效果如图 8-98 所示。

图 8-98　竖式表单效果

（2）横式。

材质：无碳复写纸。

规格：210mm×95mm。

横式表单效果如图 8-99 所示。

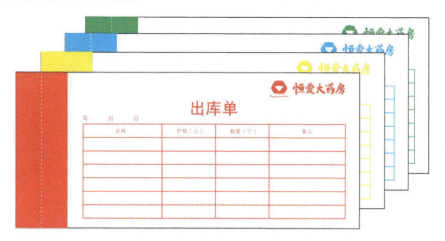

图 8-99　横式表单效果

26．会员卡设计

材质：PVC。

规格：85.6mm×53.98mm。

会员卡效果如图 8-100 所示。

图 8-100　会员卡效果

8.3.5　交通识别

1．车体形象设计

车体形象是"恒爱大药房"极其重要的自有对外形象展示载体，是企业文化和品牌文化重要的宣传渠道，体现企业的实力和正规化，需严格按照设计规范应用。

材质：车贴/喷漆。

规格：以实际定制。

车体形象效果如图 8-101 所示。

图 8-101　车体形象效果

2．禁止停车牌设计

材质：金属。

规格：500mm×530mm。

禁止停车牌效果如图 8-102 所示。

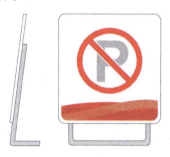

图 8-102　禁止停车牌效果

3．礼品伞

礼品是恒爱大药房对外的重要品牌形象宣传工具，体现恒爱大药房的品牌文化和对赠与者的尊重，需严格按照设计规范应用。

礼品伞效果如图 8-103 所示。

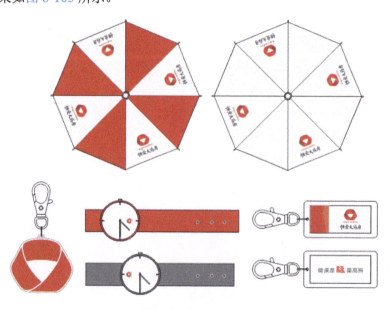

图 8-103　礼品伞效果

8.3.6　员工制服

1. 店员服装设计

服装是恒爱大药房日常经营和管理的重要工具，体现出对客户和消费者的尊重，具有明显的实效性和功能性，需严格按照设计规范应用。

材质：纯棉布。

规格：依实际尺寸定制。

店员服装效果如图 8-104～图 8-107 所示。

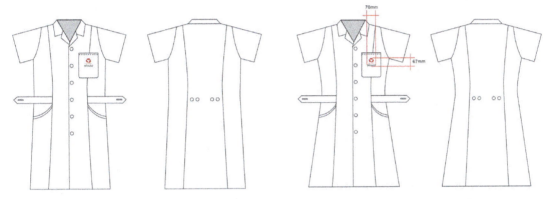

图 8-104　夏季店员服装（男）　　　　　图 8-105　夏季店员服装（女）

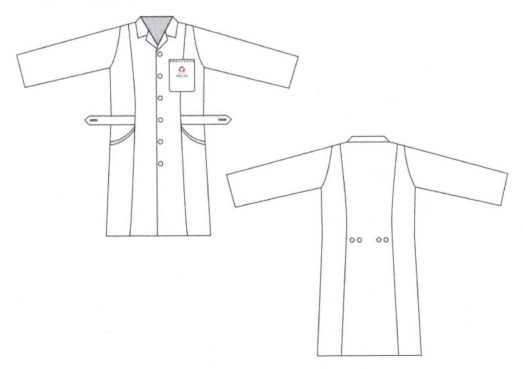

图 8-106　春/秋季服装（男）

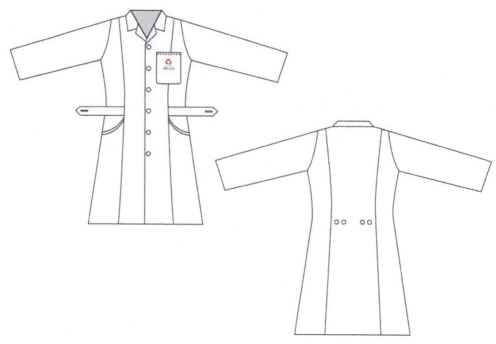

图 8-107　春/秋季服装（女）

2. 行政男女职员制服设计

材质：依实际定制。

规格：依实际尺寸定制。

行政男女职员制服效果如图 8-108 和图 8-109 所示。

图 8-108　夏季男女制服效果

图 8-109　春秋季男女制服效果

3．T恤设计

材质：依实际定制。
规格：依实际尺寸定制。
T恤效果如图 8-110 所示。

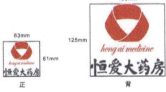

图 8-110　T恤效果

4．太阳帽设计

材质：依实际定制。

规格：依实际尺寸定制。

太阳帽效果如图 8-111 所示。

图 8-111　太阳帽效果

5．活动服装

材质：依实际定制。

规格：依实际尺寸定制。

活动服装效果如图 8-112 所示。

图 8-112　活动服装效果